聚束式合成孔径雷达
成像处理之道

毛新华 著

国防工业出版社

·北京·

内 容 简 介

本书多层次多角度阐述了合成孔径雷达成像的基本原理,揭示了合成孔径雷达成像方位分辨率提高的本质原因,重点以傅里叶重构为主线详细阐述了雷达一维成像、两维成像、自聚焦的基本原理和相关问题,并从信号两维解耦相参积累和傅里叶重构的视角提供对当前时域、频域和时频域各类成像算法的统一解释。此外,本书还首次提出了专门针对星载合成孔径雷达的球面几何算法成像新理论。

本书可供雷达、声纳、遥感和信号处理等领域的广大技术人员学习参考,也可作为相关高等院校电子、信息与通信等相关专业的高年级本科生和研究生的教材或参考书。

图书在版编目(CIP)数据

聚束式合成孔径雷达成像处理之道/毛新华著. —
北京:国防工业出版社,2024.4
ISBN 978 - 7 - 118 - 13216 - 8

Ⅰ.①聚… Ⅱ.①毛… Ⅲ.①雷达成像 Ⅳ.
①TN957.52

中国国家版本馆 CIP 数据核字(2024)第 065364 号

※

*国防工业出版社*出版发行

(北京市海淀区紫竹院南路 23 号 邮政编码 100048)
北京虎彩文化传播有限公司印刷
新华书店经售

*

开本 710×1000 1/16 印张 12¼ 字数 220 千字
2024 年 4 月第 1 版第 1 次印刷 印数 1—1200 册 定价 88.00 元

(本书如有印装错误,我社负责调换)

国防书店:(010)88540777   书店传真:(010)88540776
发行业务:(010)88540717   发行传真:(010)88540762

前　言

本书作者对学生阶段的学习有一个很强烈的体会：基础课程片面追求抽象，忽略了物理背景，很容易造成眼高手低，学习了很多东西，但不知道具体怎么应用；专业课程则迷失在具体的物理场景中，不能揭示物理现象背后的数学本质，往往容易浮云遮望眼。但在自己心里，总是在思考，到底怎样才算是真正的学懂了一个理论或者技术，如果只是机械地重复数学推导或者熟背公式，显然是不能称为真懂的。

著名数学家徐利治教授曾说过，所谓的"真懂"，是指对科学的理论、方法或者定理能够洞察其直观背景，并且看清楚它是如何从具体特例过渡到一般抽象形式的。从感性到理性，从生动的直观到抽象的思维，这是任何一位科研工作者都必须要遵循的认识规律，科学直觉既是抽象思维的起点，又是其归宿。人们希望追求抽象与具象的统一，对于抽象的理论，总是希望可以找到具象的例子，便于在脑子里建立直观，而对于具象的工程问题，又希望能升华到更抽象的数学层次，以理解具象背后的本质。本书撰写过程中始终忠于上述理念。

对于合成孔径雷达，虽然目前已有很多优秀的著作可供参考，但本书希望至少在三个方面有所不同。一是从不同的角度来解释合成孔径雷达成像的本质，正所谓"横看成岭侧成峰，远近高低各不同"，了解事物的全貌，可以避免管中窥豹。二是将各种明显不同的成像处理算法进行统一，在更高的层次上建立统一的理论，揭示成像处理算法更本质的属性。三是与以往同类书不同，贯穿本书的一个核心思想是傅里叶重构，并试图从信号与系统的角度来阐述合成孔径雷达成像的基本问题。此外，本书还介绍了作者近年来的一些理论贡献，如专门针对星载合成孔径雷达高分宽幅成像的球面几何算法新理论和基于先验信息的两维自聚焦算法理论，这些理论已在实际工程中得到验证和应用，具有非常好的工程应用价值，但还未曾见诸笔端。

第1章多层次多角度地阐述了合成孔径雷达成像的基本原理，揭示了不同成像技术的共同数学本质；第2章介绍了雷达成像需要用到的信号处理基础知识;第3章和第4章从傅里叶重构概念出发介绍了雷达一维成像和两维成像的基本原理和相关问题;第5章基于傅里叶重构框架给出了典型时域、频域和时频混合域成像算法的统一解释;第6章介绍了SAR图像的自聚焦技术,包括经典的一维自聚焦技术和本书作者提出的基于先验信息的两维自聚焦技术。

本书最主要的参考文献[1-2],作者从文献[1]中学到了学术的严谨,从文献[2]中又学到了学术还可以很通俗直观,这也是作者萌生出希望能写一本让大家容易看懂的专业书的动力来源,在此向这些作者致以崇高的敬意。当然还有大量非常好的参考文献和资料,恕不能在此一一列出,书后参考文献列出了其中部分,感谢所有这些学术前辈和同行的辛勤付出,使今天的后辈可以站在更高的学术起点上。

由于作者学术水平有限,且文采欠佳,错误和不严谨的地方在所难免。但有一个错误却是作者刻意为之,那就是在大量公式推导过程中,很多公式忽略了信号幅度效应。作者认为,对于初学者,适量地降低严格性,只不过是付出了很小的代价,但却能够让读者更愉悦、更容易地看透事物的本质,也不失为"塞翁失马,焉知非福"。

作 者

2023 年 6 月

目　　录

第1章 概 论

1.1　什么是雷达

雷达是英文 Radio Detection and Ranging 缩写 Radar 的音译。它是一种电磁传感器,通过对感兴趣的目标区辐射电磁波信号,并接收目标对电磁波的反射回波来获取目标信息的一种电子装置。

雷达辐射的电磁波信号,本身不带有任何目标信息,但通过跟目标相互作用,反射回来的电磁波信号中就会携带有目标的信息。因此,雷达通过对接收的回波信号进行分析处理,就可以从回波信号中提取出目标的一些信息,这些信息包括目标是否存在,以及目标的位置、速度、尺寸和形状等。

雷达对目标的探测性能的好坏,主要取决于两个因素:一是雷达辐射信号本身的特性;二是观察者从回波信号中提取信息的能力。雷达辐射的电磁波信号,虽然不带有任何关于目标的信息,但它是雷达探测目标的一个必要的工具。这就好比人用放大镜去观察微小的物体(图1.1),放大镜本身并不包含有任何目标信息,但放大镜性能的好坏,如放大倍数的高低,却直接决定了观察物体时获取信息的丰富程度和对目标参数的测量精度。同理,雷达辐射信号的特性,直接决定了雷达获取目标信息的能力。因此,如何设计合适的雷达辐射信号,以达到雷达获取目标信息的预定指标,是雷达设计者要考虑的首要核心问题。

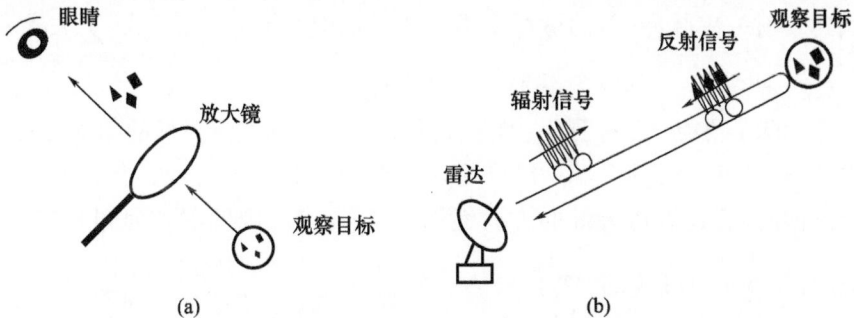

图 1.1　利用放大镜和雷达信号探测目标示意图
(a)光学观察;(b)雷达观察。

1

下面以脉冲体制雷达为例,简要介绍雷达如何设计辐射信号以满足探测性能指标的需求。

如果一部雷达只是简单要求具备测距功能,那么雷达可以辐射一个简单的矩形脉冲信号。当然,因为要通过无线方式辐射出去,这个矩形脉冲还需调制到一定的载频上。不妨假设载频为 ω,矩形脉冲宽度为 T_p,因此辐射信号可表示为 $\mathrm{rect}(\tau,T_p)\cdot e^{j\omega\tau}$。采用这种简单的脉冲信号,虽然理论上能够完成测距的功能,但受脉冲宽度限制,其分辨率一般比较差。为了提高测距的距离分辨率,通常会在信号相位里引入一个非线性相位调制函数(如二次相位调制调频函数,至于为什么这种相位调制能够提高距离分辨率,将在第 3 章中给出答案),假设该相位函数为 $\varphi(\tau)$,则此时雷达辐射信号可表示为 $\mathrm{rect}(\tau,T_p)\cdot e^{j[\omega\tau+\varphi(\tau)]}$。

为了进一步提高雷达探测性能,雷达往往不止发射一个脉冲,而是发射一串脉冲,这就好比人用眼睛去看一个目标,瞄一眼看到的信息很有限,可能没有办法看清楚,但如果多看几眼,那就能获取更多的目标信息。雷达也是一样,通过发射多个脉冲对目标进行多次观察,至少可以带来以下几个方面的探测性能改善:①通过多个脉冲回波信号的积累(相参或者非相参积累都可以),可以改善目标的信噪比,从而提高雷达检测性能或者改善雷达作用距离;②由于单个脉冲观察时间受限,通常在微秒量级,因此雷达对回波信号的频率分辨率在兆赫量级(观察时间宽度的倒数),这样差的分辨率往往无法从回波中有效提取多普勒信息,因为雷达和目标相对运动导致的多普勒频率偏移通常在千赫量级甚至更小,因此单个脉冲往往无法完成对运动目标测速的功能;③如果多个脉冲是从不同方向照射目标,通过非相参处理可以克服目标角闪烁带来的检测问题,或者通过相参处理还可以改善雷达探测目标的方位分辨率(这也是合成孔径雷达(Synthetic Aperture Radar,SAR)方位分辨率提高的原因所在)。为此,假设雷达发射一串脉冲,总的脉冲个数为 M,则辐射信号可表示为 $\sum_{n=1}^{M}\mathrm{rect}(\tau-nT_r,T_p)\cdot e^{j[\omega\tau+\varphi(\tau)]}$,其中 T_r 为脉冲重复周期。

雷达除了要能对目标测距、测速,往往还需要能够测量目标的角度信息,传统的测角方法利用了天线辐射能量的方向性,即雷达辐射信号的能量在不同方向是不同的,假设雷达天线的方向性图是 $F(\alpha,\beta)$,则辐射信号可以表示为 $F[\alpha,\beta]\cdot\sum_{n=1}^{M}\mathrm{rect}(\tau-nT_r,T_p)\cdot e^{j[\omega\tau+\varphi(\tau)]}$。

为了使雷达满足一定的探测距离要求,还需要雷达辐射信号具有足够大的能量,因此再加一个幅度因子来控制辐射信号的功率,最终得到雷达辐射信号,

一般可表示为

$$s(\tau) = A \cdot F(\alpha,\beta) \cdot \sum_{n=1}^{M} \mathrm{rect}(\tau - nT_r, T_p) \cdot e^{j[\omega\tau + \varphi(\tau)]} \quad (1.1)$$

当雷达接收到目标反射回来的电磁波信号后,如何从回波信号中尽可能多地提取关于目标的精细信息,是雷达开发者要考虑的另一个关键问题。按现有技术水平,目前雷达能够从回波信号中提取的目标信息包括目标是否存在(目标检测)、目标的空间位置(距离和角度)、目标的运动状态、目标的电磁散射特性和目标的形状尺寸等。本书主要讨论雷达成像,因此下面仅以与之相关的测距和测角为例来说明雷达如何从回波中获取目标信息。

雷达如何测量目标到雷达的距离?假设雷达发射一个矩形脉冲,脉冲宽度为 T_p,该信号以电磁波传播速度 c 从雷达辐射到目标,其中部分能量会被目标反射回来,并被雷达接收机接收。对于一个理想的点目标而言,雷达接收到的目标回波信号相对于发射信号有两个主要的变化:一是信号幅度会有很大的衰减;二是相对于发射信号有一个时间延迟,如图 1.2 所示。这个延迟量等于电磁波往返雷达到目标所用的时间,即 $\tau_r = 2R/c$。因此,要测量目标到雷达的距离,相对来说非常简单,只要测量出接收信号相对发射信号的时间延迟量,就可以直接计算出目标到雷达的距离为

$$R = \frac{1}{2}c\tau_r \quad (1.2)$$

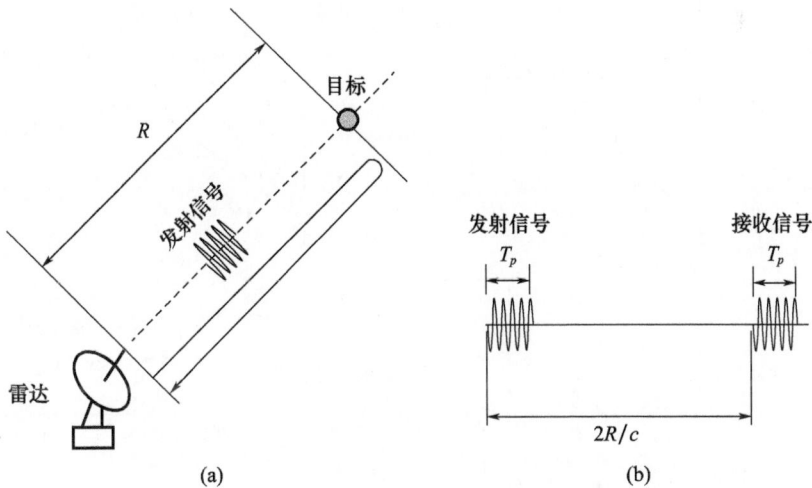

图 1.2　雷达测距原理示意图
(a)雷达探测目标几何关系;(b)发射和接收信号关系。

3

　　雷达如何测量目标的角度？雷达测角利用的是回波信号的幅度信息（当然，后来又发展了相位法测角），更准确地讲是利用了雷达天线的方向性调制对回波幅度的影响。首先，为了更好地理解，假设雷达天线辐射信号时具有单一的方向，即雷达波束几乎没有宽度，如图1.3(a)所示，考虑到事先并不知道目标所在的方向，因此如果天线波束指向固定，雷达波束恰好照射到目标的概率将会非常小。如果雷达波束没有照射到目标，也就不会有目标的回波信号回来，因此雷达无法获取目标信息。为了解决这一问题，可以让天线波束扫描起来，这样不管目标在哪个方向，都有机会探测到。如图1.3所示，以正北方向为参考（角度为零），假设目标角度为 θ_t，雷达天线波束以角速度 Ω 匀速扫描。不考虑噪声影响，在天线波束扫描过程中，当天线波束没有指向目标时，接收机接收信号始终为零，只有当波束扫描到恰好指向目标时，回波中会出现一个冲激信号，如图1.3(a)所示。因此，只需要观察接收机回波信号幅度，当回波中出现冲激信号时，再看一下此时天线波束指向，那么该指向就是目标所在的角度方向。当然，实际雷达天线波束都会有一定的宽度，因此实际雷达接收机接收到的并不是一个理想的冲激信号，而是具有一定持续时间宽度的信号，如图1.3(b)所示，信号的幅度也受天线方向性图的调制，通常天线波束的轴向信号最强，因此在实际雷达中只要找到回波中信号最强的时刻，那么这个时刻雷达天线波束指向就是目标的角度方向。

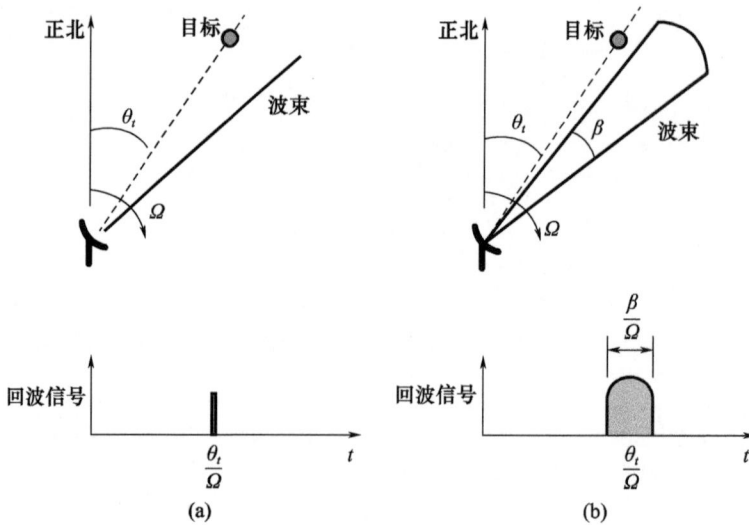

图 1.3　雷达测角原理示意图

(a)波束无宽度；(b)波束有宽度。

1.2 什么是雷达成像

成像是大家都非常熟悉的一个概念。事实上，人类每天都在跟成像打交道，因为人类的眼睛就是一个典型的成像系统，它通过接收目标辐射/反射的光线，能够重构出目标的高分辨率图像。大家平时所常用的照相机，也是一个典型的成像系统。这些成像系统都利用光线作为探测媒介，因此把它们称为光学成像系统。除了光学成像系统，常用的成像系统还有红外成像系统，它也是一种成像传感器，通过接收目标辐射出来的红外线，来重构目标的图像。那么，什么是雷达成像呢？顾名思义，就是利用雷达来实现对目标的成像。雷达成像传感器先通过主动辐射微波波段的电磁波信号照射感兴趣的目标，再接收目标反射回来的部分电磁波信号，并从这些接收的电磁波信号里提取信息，来实现对目标的高分辨率成像。

由于光线、红外线和微波本质上都是电磁波，因此这三种成像系统本质上都属于电磁成像系统，它们都是利用传感器接收目标辐射/反射的电磁波信号来重构目标，从这个意义上来看，这三者并无本质区别。尽管如此，相比于光学和红外成像，雷达成像还是存在两个明显的不同：第一个不同之处是，虽然三者都是利用电磁波，但三者使用的电磁波的频率存在较大差别，光线和红外线的载频比较高、波长比较短，而雷达工作的微波波长相对来说要大很多。对于电磁波信号来说，一个基本的规律是波长越长，穿透能力就越强，因此，雷达成像通常具有较好的穿透能力，如微波往往能轻而易举地穿透气象微粒（如云、雨），而光线和红外线穿透能力很弱，这一特性使得成像雷达具备全天候工作能力；第二个不同之处是，雷达成像是主动探测，而光学和红外成像是被动探测。雷达主动辐射电磁波信号照射目标，因此无须外部光线辅助，这使得雷达具有全天时成像的能力，即 24h 随时都可以工作。雷达的这种全天时、全天候成像能力，克服了传统光学和红外成像系统的固有缺陷，具有非常重要的应用价值，在军事上尤为如此。

相比于传统雷达，成像雷达又有什么特点呢？成像雷达最大的特点是其具有很高的空间分辨率。传统雷达因为分辨率很低只能将目标当作点目标，成像雷达能够以很高的空间分辨率呈现目标电磁散射特性在空间的分布，从而获取目标的形状尺寸以及内部结构等信息。这里所谓的高分辨率，是相对目标大小而言的，就是分辨单元大小要远小于目标尺寸，这样才能根据成像结果看清目标内部细节。

5

1.3　传统雷达的分辨率限制

前面提到,高的空间分辨率是成像雷达的本质要求。那么传统雷达是否具备这种高分辨能力呢?人们通常讲的成像指的是一种两维空间成像,因此为了实现成像,雷达必须具备两维高分辨率探测能力。对于雷达而言,这两个维度分别是距离维和方位维。

首先来看雷达的距离分辨率,雷达根据其发射信号的形式可以分为连续波雷达和脉冲雷达两类,其中脉冲雷达比较常用,因此下面以脉冲雷达为例来讨论其分辨率。假设空间有两个点目标 A 和 B,其到雷达的距离分别为 R_A 和 R_B,雷达波束对准两个目标发射一个短脉冲,其脉冲持续时间为 T_p,两个目标回波信号分别延迟 $2R_A/c$ 和 $2R_B/c$ 到达接收机,如图 1.4 所示。当两个目标到雷达的距离差 $|R_B - R_A| > cT_p/2$ 时,两个目标的回波是能分开的,因此两个目标是可分辨的;当 $|R_B - R_A| < cT_p/2$ 时,两个目标的回波会发生部分重叠,从而无法将两个目标区分开来。因此可以将临界距离 $cT_p/2$ 定义为雷达的距离分辨率,即

$$\rho_r = \frac{c}{2}T_p \tag{1.3}$$

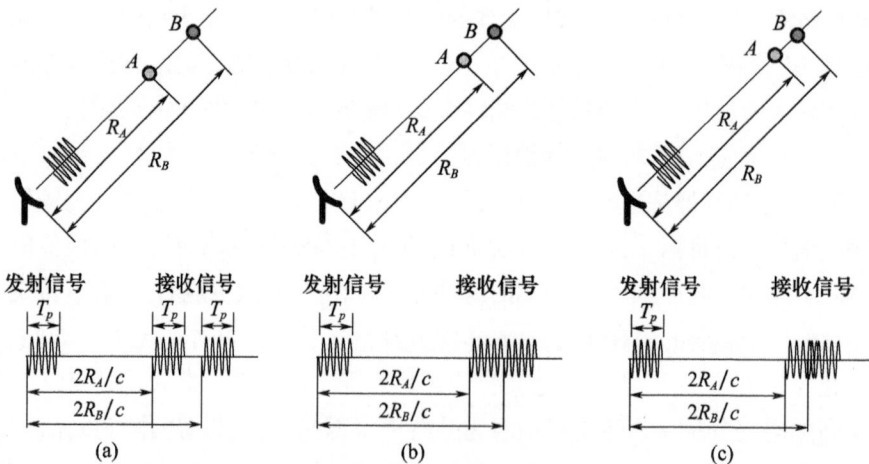

图 1.4　目标距离分辨能力

(a) $\left|\dfrac{2R_B}{c} - \dfrac{2R_A}{c}\right| > T_p$;(b) $\left|\dfrac{2R_B}{c} - \dfrac{2R_A}{c}\right| = T_p$;(c) $\left|\dfrac{2R_B}{c} - \dfrac{2R_A}{c}\right| < T_p$。

下面举一个典型例子来说明传统雷达距离分辨率的量级。一般脉冲雷达脉冲宽度大致在微秒量级,以 $10\mu s$ 为例,根据式(1.3),可以计算得到其距离分辨率为 1500m。这样的分辨率,在对大面积目标进行测绘时(如对地面大范围的遥感),也许还有可能获取目标的一些信息,但感兴趣的目标往往相对较小,如空中的飞机、地面的建筑等,对于这样的小目标,1000m 级这样低的分辨率使人们完全无法分辨目标内部细节。

下面再来看雷达的方位分辨率。传统雷达对目标方位位置的测量是通过利用窄波束扫描来实现的。假设雷达波束宽度为 β,波束指向以角速度 Ω 做匀速扫描,则波束在每一个目标上的驻留时间为 β/Ω,即每一个目标的回波信号将持续时间为 β/Ω。假设空间有两个目标,它们到雷达的距离均为 R,在方位向两目标相距 Δx,如图 1.5 所示,根据几何关系不难计算得到两目标回波出现的时间差为 $\Delta x/(R\Omega)$。当 $\Delta x/(R\Omega)>\beta/\Omega(\Delta x>R\beta)$ 时,两个目标的回波是能区分的,如图 1.5(a)所示;而当 $\Delta x/(R\Omega)<\beta/\Omega(\Delta x<R\beta)$ 时,两目标回波信号部分重叠,根据回波信号无法将两目标区分开来。由此得到传统雷达方位分辨率为

$$\rho_a = R\beta \tag{1.4}$$

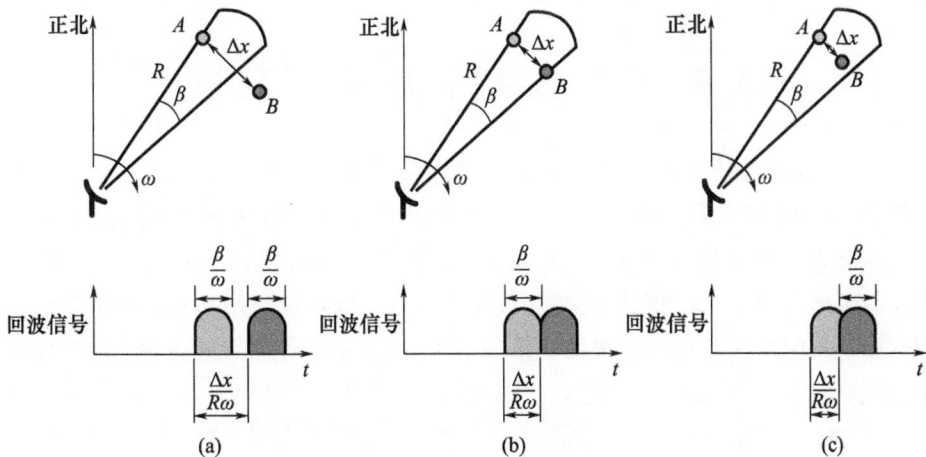

图 1.5　雷达方位分辨能力

(a) $\dfrac{\Delta x}{R\omega}>\dfrac{\beta}{\omega}$;(b) $\dfrac{\Delta x}{R\omega}=\dfrac{\beta}{\omega}$;(c) $\dfrac{\Delta x}{R\omega}<\dfrac{\beta}{\omega}$。

根据天线理论,雷达天线波束宽度取决于天线孔径大小 D 和雷达波长 λ,具体可表示为

$$\beta \approx \frac{\lambda}{D} \tag{1.5}$$

将式(1.5)代入式(1.4),可以得到雷达方位分辨率为

$$\rho_a = R\frac{\lambda}{D} \tag{1.6}$$

从式(1.6)可以看到,传统雷达的方位分辨率取决于三个因素:①距离,距离越远,方位分辨率越差,这与人的眼睛等光学传感器也是类似的;②波长,波长越长,分辨率越差,这也是为什么相比于光学和红外探测器,雷达天然地分辨率就低的原因所在,因为雷达电磁波的波长要比光学和红外探测器的波长大数个数量级;③天线孔径大小,天线孔径越大,分辨率越高,因此大的天线相比于小的天线具有更好的方位分辨率。

同样,举一个典型例子来说明传统雷达方位分辨率的量级。假设雷达工作在 X 波段(波长在 0.03m 左右),天线孔径大小为 1m,目标到雷达的距离为100km,根据式(1.6)可以得到该雷达在目标位置处的方位分辨率为 3000m。

因此,传统雷达不管是距离还是方位,其分辨率都非常差,往往在 1000m 量级甚至更差。这样的分辨率在对地表大面积遥感时还可以勉强应用,但对于军事上感兴趣的目标,这样的分辨率显然无法满足对目标的精细描述要求。因此,为了获得目标高分辨率图像,必须提高雷达距离和方位分辨率。

1.4 为什么要"合成孔径"雷达

首先来看,如何提高雷达的距离分辨率。根据式(1.3),雷达的距离分辨率与电磁波传播速度和信号脉冲宽度有关,由于电磁波传播速度是无法人为改变的,因此为了提高距离分辨率,唯一的办法是减小脉冲宽度。例如,为了获得1m 的距离分辨率,脉冲宽度必须小到 1/150μs。脉冲宽度的减小,虽然实现上没有障碍,但这意味着雷达辐射能量的减小,根据雷达作用距离方程,雷达辐射能量减小,雷达作用距离将下降。因此为了提高距离分辨率,必须要减小雷达作用距离,对于雷达而言,这是得不偿失的。举个例子来说,假设有放置在南京的一部雷达,其作用距离是 300km,能看到上海这么远的地方,只不过距离分辨率为 150m。为了提高分辨率,可以减小脉冲宽度,如脉冲宽度变为原来的1/100,那么分辨率确实会提高 100 倍,达到 1.5m,但由于雷达辐射能量减小,雷达作用距离会减小,则有可能只能看到镇江了,如果感兴趣的目标在上海,那么分辨率的改善就变得没有意义了。因此通常情况下,雷达作用距离是雷达最关心的一个指标,因此通过牺牲作用距离来改善分辨率往往是得不偿失的。

那么如何来解决雷达作用距离和距离分辨率之间的矛盾呢? 实际上,在合

成孔径雷达提出之前,人们就已经想到了一个有效的办法,那就是采用脉冲压缩技术。脉冲压缩雷达为了提高雷达作用距离,发射宽的脉冲信号(图1.6(a))以提供足够的能量。根据传统分辨率理论,接收到的回波信号距离分辨率将非常差,如图1.6(b)所示。脉冲压缩理论指出,当发射信号满足一定的条件时,通过对回波信号进行脉冲压缩处理,可以将每一个目标的宽脉冲回波信号压缩成窄脉冲信号(图1.6(c)),从而达到提高距离分辨率的目的。在第3章可以看到,通过脉冲压缩处理后,最终的距离分辨率只取决于发射信号的带宽,而与脉冲时间宽度无关,带宽越宽,压缩后距离分辨率越好,如为了达到1m的距离分辨率,只要发射信号带宽达到150MHz即可。这种脉冲压缩处理相对来说非常简单,就是将接收到的回波信号和发射信号做一个相关处理(通常将其称为匹配滤波)。当然,并不是任意的信号都是可压缩的,对于信号可压缩的条件以及如何进行脉冲压缩将在第3章详细介绍。

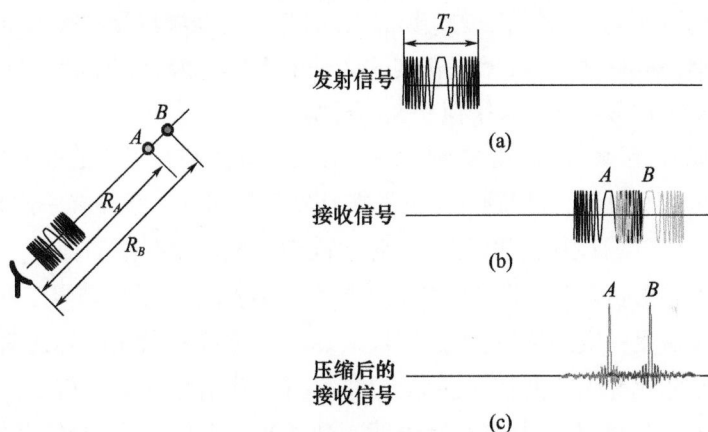

图 1.6　雷达距离向脉冲压缩示意图

下面再来看如何提高雷达方位分辨率。根据式(1.6)所示的方位分辨率公式,要提高雷达的方位分辨率,理论上可以通过三种方法来解决。第一个方法是改变目标到雷达的距离,距离越小,分辨率越高,但以这种方法提高方位分辨率,为了获得期望的分辨率,通常距离要小到无法容忍的程度。以前面例子中参数为例,雷达波长为0.03m,天线孔径长度为1m,为了获得优于3m的方位分辨率,目标到雷达的距离必须小于100m。民用上,探测目标一般是合作目标,要减小距离,在原理上存在可行性。但对于军事应用而言,要减小到这一距离显然不现实,因为军事探测的目标往往是敌对目标,是非合作的,不可能让对方主动离雷达更近一些,而如果雷达自己接近目标,又存在自己被对方先探测和摧毁的风险。因此通过减小距离来提高雷达方位分辨率显然是行不通的。第二个方法是改变雷达波长,这一方法的使用受到两个方面的限制:一是雷达波长的选择往往要综合考虑多种因素,如雷达系统空间尺寸大小、雷达发射机功率要求、电磁波穿透能力等,不能只考虑分辨率而任意改变波长;二是为了达到期望的分辨率,所需要的波长通常已超出常规雷达工作的波长范围。举例来说,如以1m长的天线去探测100km远的目标,为了得到3m的分辨率,雷达波长需要小到0.00003m,即工作频率为10000GHz,显然这已远超出常规雷达的工作频率范围。考虑到以上两个因素,因此在实际系统中通过改变波长来提高雷达方位分辨率也是不现实的。那么剩下的唯一办法就是增加雷达天线孔径大小,假设雷达工作波长为0.03m,为了在100km处获得优于3m的方位分辨率,天线孔径长度需要达到1000m。要使用这么长的天线来探测目标,至少存在两个方面的物理限制:一是要制造这么长的天线,物理实现将非常困难甚至不可能;二是即使物理上能制造出这么长的天线,其应用领域也受到很大限制,如飞机、卫星和导弹等平台上就无法安装这么长的天线。因此,通过增加天线孔径大小来提高方位分辨率看起来似乎也不现实。

尽管如此,后来人们还是想到了一个等效实现大孔径天线的好方法。为了更好地理解这个方法,先回顾一个大家非常熟悉的问题。假设有一连续时间信号 $s(t)$,其带宽是有限的,假设为 B,对于这样一个带宽有限的信号,可以将其离散化而不损失信息。假设离散化时采样频率为 f_s,奈奎斯特采样定理指出,只要采样频率满足一定条件(对于实信号,$f_s > 2B$),采样离散化以后的信号,与原有连续信号相比并无任何信息损失。也就是说,从信息获取的角度,对于带宽有限的信号,完全没有必要去获取连续函数的每一个函数值,而只需要按一定间隔获取连续函数的离散采样值就可以得到与连续函数一样的信息,如图1.7(a)所示。这一结论完全可以推广到空域信号。也就是说,对于空间连续函数,只要其带宽有限,也可以将其离散化而不损失任何信息,如图1.7(b)所示。

上面讲到,为了获得高的方位分辨率,需要一个非常大的天线孔径,如图1.8(a)所示。如前面的例子,需要一个1000m长的天线。如果仅从接收信号的角度,之所以需要这么长的天线,无非是希望对目标反射回来的信号在空间对其进行采集,在空间采集的范围越大(天线孔径越大),重构目标的分辨率就会越高。那么类似于时域信号,在对空间信号采集的时候,是否一定要用连续的天线孔径对其进行采集呢?空域的采样定理指出,如果空域信号带宽有限,那么只需要以一定的空间间隔离散地采集雷达回波信号,就可以获得与连续孔径采集一样的效果,如图 1.8(b)所示。这样,原本需要 1000m 长的实孔径天线完全没有必要,实际上只需要很多小的天线,将这些小天线按一定间隔(满足空域奈奎斯特采样定理)摆成 1000m 长的阵列,就可以获得与 1000m 长实孔径天线一样的方位分辨率。

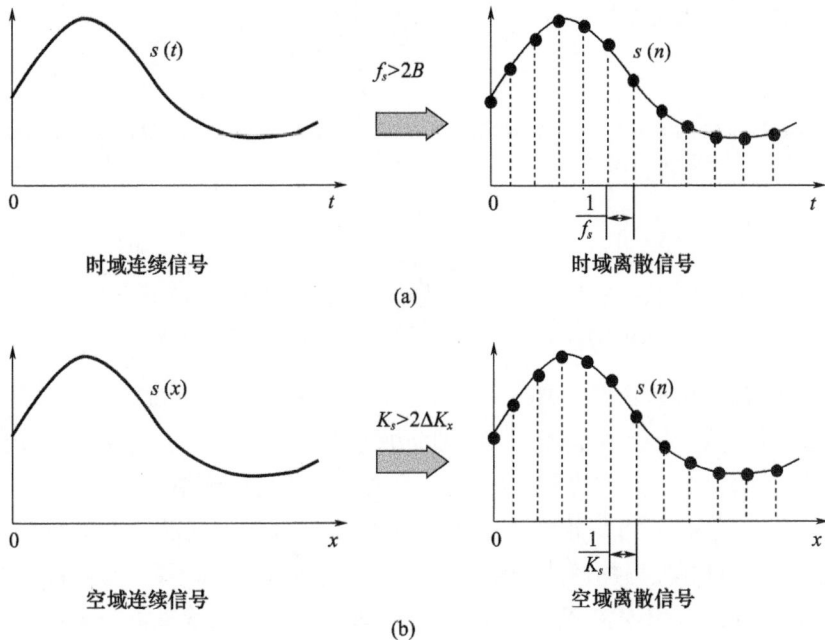

图 1.7 时域和空域信号的离散化表示
(a)时域信号离散化;(b)空域信号离散化。

这样,就解决了制约方位高分辨率实现的第一个难题,即大孔径天线的物理实现问题。然而,虽然大孔径天线的实现问题解决了,但还是需要将其摆成一个很长的天线阵。针对地面雷达,这个问题还能解决,但如果想在一些小的平台上实现高分辨率雷达成像,还是无法实现的,如飞机、导弹和卫星等平台,受空间限制,无法安装几千米长的天线阵。那这又如何解决呢?

不妨仔细想想,为什么要将天线摆成这么长的阵列呢?它的目的是什么呢?原来,之所以要在空间摆成这么长的阵列,无非是想在空间不同位置对目标反射的回波信号进行采集。要达到在空间不同位置对回波信号进行采集,固然可以采用一个大的天线阵列实现,这样在同一时刻就可以获得空间不同位置处的回波信号信息。但是,这样做的成本还是太高,应用也受到限制。有没有更简单的方法呢?实际上只需要一根天线就够了,利用天线在空间运动,就可以在空间不同位置采集目标的回波信号,如图 1.8(c)所示。这样以时间换取空间,以极小的代价就可以获得跟实际天线阵列相同的效果。

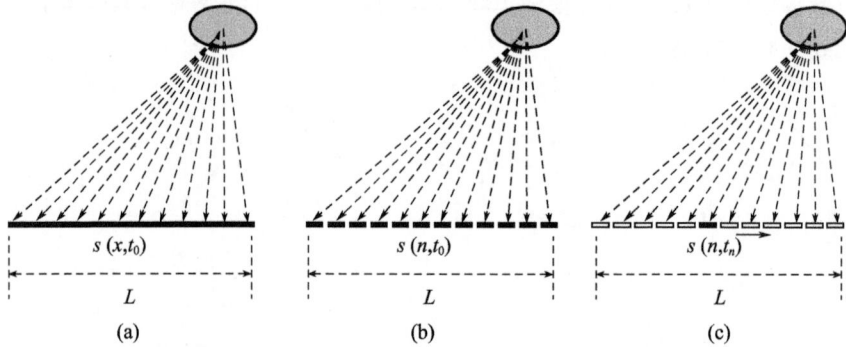

图 1.8　实孔径天线、实阵列天线和合成孔径阵列采集数据示意图

(a)实孔径天线;(b)实孔径阵列天线;(c)合成孔径阵列天线。

这样,合成孔径雷达(SAR)就诞生了。为了获得高的方位分辨率,需要大的天线孔径,但实际上没法做到,解决的办法就是利用一个小孔径的天线在空间运动,等效合成一个大的天线孔径,从而实现方位高分辨率。

但是,这里有个问题需要注意,以时间换取空间的合成孔径方式的等效是有前提的,即目标反射的回波信号是时不变的,也就是说在不同时刻,目标反射回来的回波信号并不发生变化。这样,不同时刻在不同位置采集的信号才等效于同一时刻在不同位置的采集信号,即 $s(n,t_n) = s(n,t_0)$(图 1.8),合成孔径才等效于实孔径。对于雷达成像来说,通常成像的目标是地表,在雷达成像时间内,不同时刻地表的散射特性完全可以认为是不变的,因此回波信号的"时不变"条件是满足的。

1.5　合成孔径雷达的前世今生

虽然 1.4 节解释了合成孔径雷达名称的由来,但实际上,合成孔径雷达的雏形最早是由美国人 Carl Wiley 以多普勒波束锐化(Doppler Beam Sharping,DBS)的概念提出来的。那么,什么是多普勒波束锐化? 多普勒波束锐化为什么能改善雷达方位分辨率? 它跟现在讲的 SAR 又是什么关系?

回到传统雷达对方位分辨率的讨论,根据传统雷达分辨率理论,位于雷达波束主瓣内的目标(假设有 A、B 两点,它们到雷达的距离相等,但角度稍有不同)是无法分辨的,原因是它们的回波信号在时间上有部分重叠,无法将它们分离开,如图 1.9 所示。那么有没有可能将回波信号变换到某个新的域,如频域,使得不同目标的回波信号变得可分离呢?假设要成像的目标是地球表面,显然地表是固定不动的,如果雷达也是静止的,那么波束内不同目标跟雷达的相对速度都为零,它们的多普勒频率也都为零,因此即使将回波信号变换到频率域,A 和 B 两目标的信号也是完全重叠的,信号更加无法区分。然而,目前也找不到其他域可以实现不同目标信号的分离。

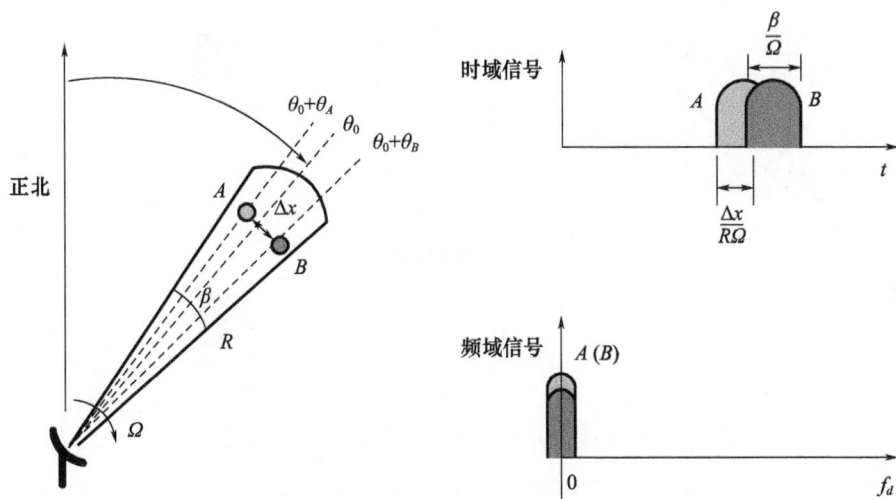

图 1.9 雷达静止时方位时域和多普勒域的回波示意图

但是,如果使雷达运动起来,情况就变得不同了。不妨假设雷达以固定的速度 v 沿着不平行于雷达视线方向的直线做匀速直线运动。虽然目标还是静止不动,但是由于雷达在运动,且不同目标相对雷达的角度不同,因此不同目标和雷达间的相对径向速度存在差异,从而导致不同目标回波信号会存在多普勒频率的差别。这就为在频域分辨目标提供了可能。多普勒波束锐化就是利用这一原理,其实现非常简单,只需简单地将信号从方位时域变到方位频域(也就是多普勒域),就可实现方位分辨率的改善,如图 1.10 所示。由于目标方位角度与其在回波信号中的多普勒频率存在一一对应关系,在多普勒域分辨了目标,相当于是把原来的宽波束分解成了很多窄的子波束,提高了方位分辨率,因此就将该技术称为多普勒波束锐化。

雷达的运动带来了方位分辨率的改善,但到底改善了多少?改善的程度又取决于什么因素呢?

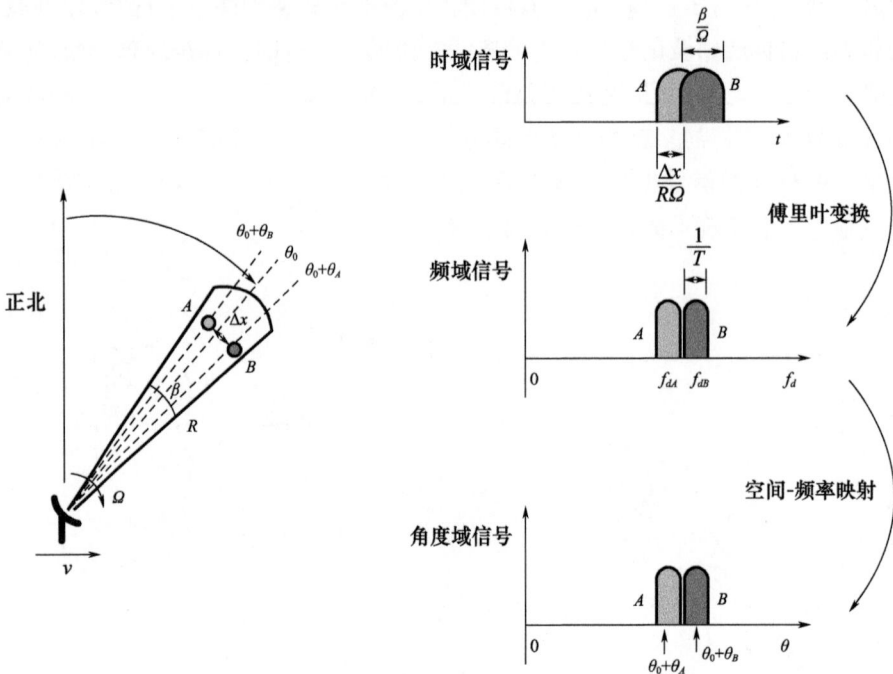

图 1.10　雷达运动时方位时域和多普勒域的回波示意图

在较短的雷达运动时间内,可以近似认为目标跟雷达的相对几何关系保持不变,因此每个散射点的多普勒频率可以认为近似不变,例如,在图 1.10 中几何关系下,A、B 两点的多普勒频率分别为 $f_{dA} = 2v\sin(\theta_A)/\lambda$,$f_{dB} = 2v\sin(\theta_B)/\lambda$。每个散射点的回波信号都为一个单频信号。因此回波信号在方位时域可以表示为(幅度进行了归一化)

$$s(t) = \text{rect}\left(\frac{t - t_A}{T}\right) \cdot \exp\{j2\pi f_{dA}(t - t_A)\} + \text{rect}\left(\frac{t - t_B}{T}\right) \cdot \exp\{j2\pi f_{dB}(t - t_B)\}$$

$$(1.7)$$

式中:T 为观察目标的时间(雷达波束在目标上的驻留时间)。

多普勒波束锐化技术是通过将该信号变换到频域来实现目标的分辨。由于角度不同的两个目标多普勒频率不同,因此使得在频域来区分两个目标变得可能,但这还只是提供了可能,最终能否将两个目标的信号成功分离,还要取决于多普勒频率分辨率,即信号在频域的主瓣宽度。根据信号理论,频率分辨率取决于时域的观察时间宽度,即由观察时间的倒数 $1/T$ 决定。根据多普勒频率和目标空间角度的一一对应关系,将多普勒域映射到空间域,如图 1.11 所示,容易得到对应的空间角度分辨率为 $\lambda/(2vT\cos\theta_0)$。在正侧视($\theta_0 = 0$)时,分辨率可以进一步简化为 $\lambda/(2vT)$,vT 表示在处理的合成孔径时间 T 内雷达运动的距离,也就是合成孔径长度。对比不做多普勒波束锐化时的雷达角分辨率($\beta = \lambda/D$),可以得到以下结论:只要多普勒处理时间内雷达运动的距离超过天线孔径大小的一半($vT > D/2$),通过多普勒波束锐化处理就能改善雷达的角度分辨率(方位分辨率),而且运动的距离越长,分辨率改善越明显。

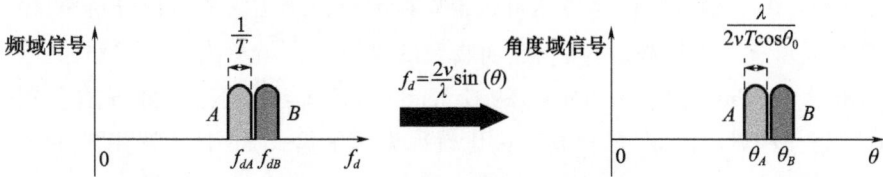

图 1.11　多普勒频率域到角度域的映射

然而,需要注意的是,在前面的分析中,有一个基本的假设:在多普勒波束锐化处理的孔径时间内,同一目标点的多普勒频率是固定不变的。在相对较短的孔径内,这种近似是合理的。但是,随着分辨率要求的不断提高,所要求的合成孔径长度越来越大,此时每个目标点的多普勒频率都会存在明显的变化。如图 1.12 所示,假设在合成孔径时间内,雷达从位置 1 经过位置 2 运动到位置 3,很容易得到目标点的多普勒频率变化:在位置 1 时,回波多普勒频

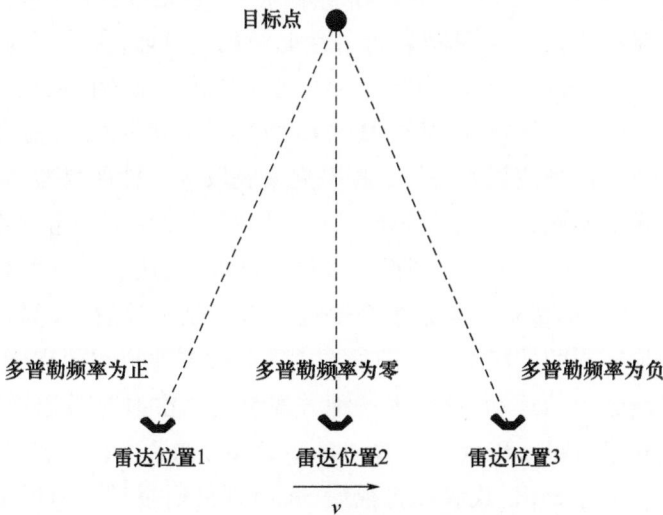

图 1.12　长合成孔径的多普勒频率变化效应

率为正;在位置2时多普勒频率为零;在位置3时,多普勒频率变为负。在这种情况下,由于每一个点的多普勒频率不是固定值,而是存在一定的带宽,如果仍然按照多普勒波束锐化处理,即直接对回波信号做傅里叶变换,此时点目标频域响应的主瓣宽度不再由观察时间的倒数 $1/T$ 决定,而是由多普勒频率变化引起的带宽决定。此时,孔径越长,多普勒带宽越大,分辨率反而会越差。

因此,多普勒波束锐化虽然可以很好地改善传统雷达的方位分辨率,但当分辨率要求进一步提高后,其仍然面临新的难题。为了解决这一问题,美国伊利诺依大学(University of Illinois)的 C. W. Sherwin 提出了聚焦式合成孔径雷达处理概念(相对而言,多普勒波束锐化就称为非聚焦式 SAR)。聚焦式 SAR 通过增加额外的信号处理,补偿孔径时间内目标多普勒频率的变化,因此可以实现更高的方位分辨率。现在所说的 SAR,通常就是指聚焦式 SAR。

随着技术的进步,SAR 向着多模、多维度方向发展。对于常规的 SAR,由于其成像分辨率和成像幅宽存在矛盾,为了在两者之间进行取舍,利用对天线波束指向的控制,发展出不同的雷达成像模式,如聚束模式、滑动聚束模式、条带模式、TOPS 模式和 Scan 模式等。例如,聚束模式可以获得最优的成像分辨率,但成像幅宽相对较小;而 TOPS 和 Scan 模式成像幅宽较大,但成像分辨率会降低;其他模式在两者之间进行折中。

在多维度 SAR 方面,通过增加对目标的观察维度,在获取目标散射特性空域分布的基础上,还可以带来额外的性能增益。目前,雷达正向着多极化、多通道、多时序等方向发展。多极化 SAR 通过雷达发射不同极化方向的电磁波,获取目标的多极化图像,能够获得额外的目标极化敏感信息。多通道 SAR 通过增加空间通道同时进行数据采集来获取额外性能增益,根据多个通道的配置和用法不同,可以得到不同的性能增益。如果多个通道跨雷达航迹放置,通过对多个通道的 SAR 图像再进行干涉处理,还可以获取目标的高程信息,实现三维目标重构。如果多个通道沿雷达航迹放置,根据处理方式不同也可以获取不同的性能增益。一种方式是通过多通道对消和干涉处理,检测和重定位场景中的运动目标;另一种方式是利用空时等效原理,降低系统对脉冲重复频率(Pulse Repetition Frequency, PRF)的要求,从而实现同时高分宽幅成像。多时序 SAR(或者称为视频 SAR)则是通过进一步增加对目标的观察时间获得对目标的连续观察图像,进而实现对感兴趣区域的动态态势感知。

1.6　雷达角度理解合成孔径雷达

由于雷达距离向的高分辨率实现方法早在合成孔径雷达出现之前就已提出,且其实现相对较简单,因此这里不再赘述。SAR 相对其他传统雷达,最大特点是其方位向高分辨率的实现。SAR 作为雷达的一种,因此从雷达角度来理解方位高分辨率的实现,这是最自然的事情。考虑到这方面已有大量文献阐述,且在前面两节也已有简单介绍,因此这里不再详细介绍,下面只是简单梳理从雷达角度来看对 SAR 方位分辨率提高的三种理解。

第一种理解是从多普勒频率分辨的角度。这也是对 SAR 的最初理解,美国人 Carl Wiley 最早提出了利用多普勒频率分析来改善方位分辨率这一概念,并称其为多普勒波束锐化。现在来看其思想非常简单也非常自然,当两个或者多个目标的信号在某一个域由于信号重叠不能分辨的时候,通常会考虑选择将信号变换到另一个域看其是否存在分辨的可能。对于实际雷达,受雷达孔径大小限制,其波束宽度一般较宽,角度分辨率很差,即:对于波束宽度内的目标,如果它们到雷达的距离相等,那么即使它们存在角度的差别,它们回波信号在方位时域(脉冲域)也是重叠的,因此无法加以区分。那么一个自然的想法就是能否将信号变换到频域来区分呢? 由于 SAR 考虑的是对地成像,地面场景是静止的,如果雷达本身也静止不动,则场景中所有目标的多普勒频率都等于零,因此即使将信号变换到多普勒频率域,也仍然无法将目标分辨开来。但当雷达运动时,虽然目标仍然是静止的,但不同方位角位置的目标相对于雷达存在不同的径向速度,因此不同角度处的目标会有不同的多普勒频率,即回波信号的多普勒频率与目标的方位角存在一一对应关系,此时对回波信号进行频率分析就可以分辨出不同角度处的目标。

第二种理解是借鉴距离向基于匹配滤波的脉冲压缩思想。在距离向,为了解决分辨率与作用距离的矛盾,雷达通常选择发射具有高时间带宽积的宽脉冲信号。信号的宽脉冲特性保证了雷达作用距离,但会导致回波信号具有很差的距离分辨率。通过对回波信号进行脉冲压缩处理,距离向分辨率可以得到极大改善,改善比为发射信号的时间带宽积。例如,现有雷达发射信号的时间带宽积可以轻松达到 1000 以上,因此通过脉冲压缩处理带来的分辨率改善增益也可以达到 1000 倍以上。对于雷达方位向信号,是否也可以采用这种压缩方式来改善分辨率呢? 如果雷达静止不动,因为目标也是静止的,因此不同发射脉冲的回波信号会完全相同(不考虑接收机噪声),也就是说雷达的方位向(脉冲域)信号在孔径时间内是常数,在有限支撑区内是常数的信号的时间带宽积为1,因此这样的信号即使进行匹配滤波压缩处理,其分辨率也得不到改善。要改善方位分辨率,必须使信号的时间带宽积增加。当雷达运动起来后,由于目标和雷达之间的瞬时距离会发生非线性变化(目标位于雷达运动正前方除外),导致不同发射脉冲的回波信号会产生一个跟斜距变化线性相关的非线性相位调制,从而改变方位信号的时间带宽积,雷达运动时间越长,时间带宽积越大,因此通过类似于距离向的匹配滤波处理就可以极大地改善雷达的方位向分辨率。

第三种理解是基于孔径合成的思想,这也是 SAR 名字的由来。根据传统雷达分辨率理论,雷达的方位分辨率与天线孔径的大小有关,天线孔径越大,方位分辨率越高。但要靠物理的天线孔径大小达到米级的方位分辨率,天线的孔径大小将需要达到百米甚至千米量级,这显然不现实。如果能想到大天线孔径之所以具有高的方位分辨率的本质原因,就会为找到高方位分辨率的替代方案提供可能。大孔径天线之所以具有高的方位分辨率,本质上是因为大孔径天线可以提供对目标的更多角度观察。对于目标的多角度观察,固然可以利用大孔径天线或者大的天线阵列对目标同时进行多角度观察,也可以仅利用一个小天线,通过时间换取空间,利用雷达的运动,在不同时间上实现对目标的多角度观察,从而也可以获得高的方位分辨率。

1.7　信号处理角度理解合成孔径雷达

合成孔径雷达成像,核心在于成像信号处理,因此也可以抛开雷达概念,纯粹从信号处理的角度来理解合成孔径雷达成像的原理,基本思路是从两维傅里叶重构角度来解释合成孔径雷达分辨率提高的原因以及成像处理的核心问题。

假设雷达波束照射范围内目标的散射特性用二维空域函数 $g(x,y)$ 表示。要对目标成像,就是希望重构该目标函数(实际上只能以一定的分辨率近似重构)。当然,如果有办法直接测量得到该函数固然最好,但实际很多情况下没有办法直接测量得到。此外,即使能够实现这种测量,但是这种测量要逐点实现,因此在对大场景高分辨率成像时往往存在时间效率低下的问题。

学过信号处理的读者对傅里叶变换应该非常熟悉,在数字信号处理领域,如果能够利用傅里叶变换,通常都会利用傅里叶变换的快速实现方式(Fast Fourier Transform,FFT)来提高处理的计算效率。针对这个问题,为了利用傅里叶变换,通常会选择先去重构目标函数的两维频谱,不妨假设 $g(x,y)$ 对应的两维频谱为 $G(k_x,k_y)$。如果有了目标函数两维频谱,要重构目标,只需再做一个逆傅里叶变换即可实现。因此,雷达成像处理要做的核心工作就是将雷达接收到的两维时域回波信号 $s(t,\tau)$ 转换成目标函数 $g(x,y)$ 的两维频谱 $G(k_x,k_y)$。事实上,目前在 SAR 领域广泛应用的频域类算法,如距离多普勒算法、距离徙动算法和极坐标格式算法等,都是基于这一思想。不同算法之间的区别在于转换过程中采取的方式以及为推导方便采取的近似程度。第 4 章将以极坐标格式算法为例详细说明该转换的过程。下面先从原理上说明为什么合成孔径雷达接收到的两维回波信号可以转换为目标函数的两维频谱。

合成孔径雷达在自身运动的过程中按一定重复频率发射脉冲并接收目标的回波信号。假设雷达辐射/接收信号时满足"停-走-停"假设,即可以认为雷达是在一个地方发射一个信号并接收目标回波信号,然后运动到下一个位置再发射并接收回波信号。对于雷达距离相等的距离环上的所有目标,由于回波信号会同时到达雷达,即具有相同的时间迟延,因此雷达接收到的每一个延迟上的信号是等距离环上所有回波信号的叠加。当目标区处于雷达远场时,等距离环(实际上只需要考虑雷达波束照射到的那一段弧线)可以近似为直线。因此雷达接收到的脉冲回波信号可以表示为目标两维空域函数 $g(x,y)$ 沿雷达到目标视线方向投影后的一维函数 $g_\theta(u)$ 与发射信号 $s(u)$(将时间变量映射成了斜距变量)的卷积。为简化分析,假设雷达辐射信号为冲激信号 $s(u)=\delta(u)$,此时雷达接收信号 $g_\theta(u)\otimes s(u)$ 等于目标空域两维函数沿视线的投影 $g_\theta(u)$,如图 1.13 所示。当发射信号不是冲激函数时,在接收端通过脉冲压缩处理可以去除发射信号信息,最终得到两维目标函数的一维投影。那么这个一维投影函数如何跟两维目标函数的频谱联系起来呢?

这里需要用到数学上的一个定理——中心切片投影定理。该定理指出,两维空域函数 $g(x,y)$ 在某一方向上的投影函数 $g_\theta(u)$ 的一维傅里叶变换函数 $g_\theta(k_u)$,恰好是 $g(x,y)$ 的两维傅里叶变换 $G(k_x,k_y)$ 在 (k_x,k_y) 平面上沿同一方向过原点直线上的值,如图 1.14 所示(当然,实际中雷达辐射信号不可能是一个冲激信号,而是一个带通信号,因此实际获得的只是两维频谱切片上的一小段,如图中实线线段部分所示,该线段的位置由辐射信号载频确定,长度由辐射信号带宽决定,在第 4 章将做详细推导)。

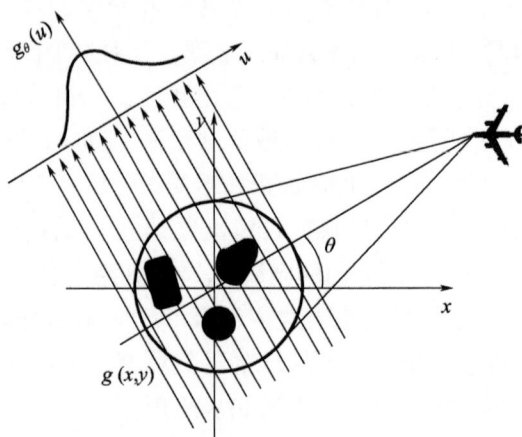

图 1.13　雷达数据采集获取目标函数投影

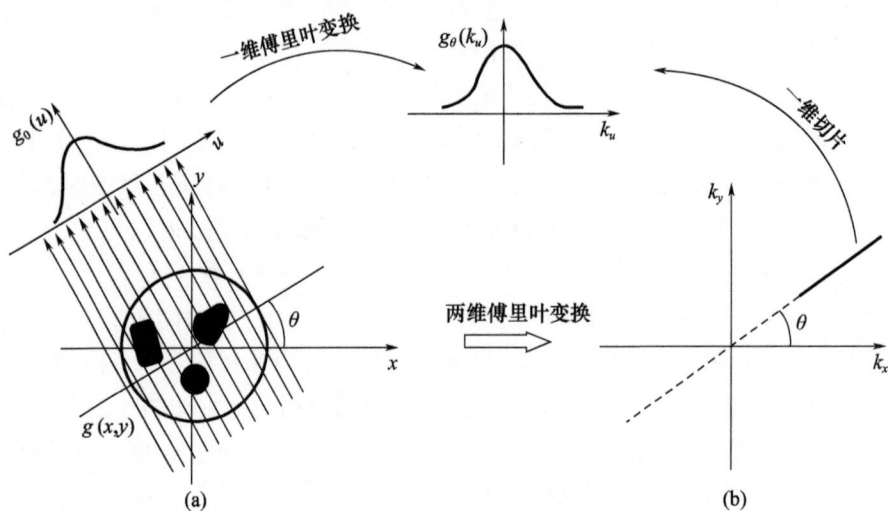

图 1.14　中心切片投影定理

（a）空间域；（b）空间频率域。

　　因此,雷达每个脉冲的回波信号,直接包含的是目标两维空域函数沿雷达视线方向的投影值信息,但通过对该一维回波信号做一维傅里叶变换,就得到了目标函数两维频谱在视线方向的一个切片。随着雷达的运动,雷达观察目标的视角不断变化,就可以获得目标函数两维频谱在不同方向的切片,如图 1.15 所示。有了目标函数的两维频谱,就可以通过简单的两维逆傅里叶变换,实现对目标的两维高分辨率成像。

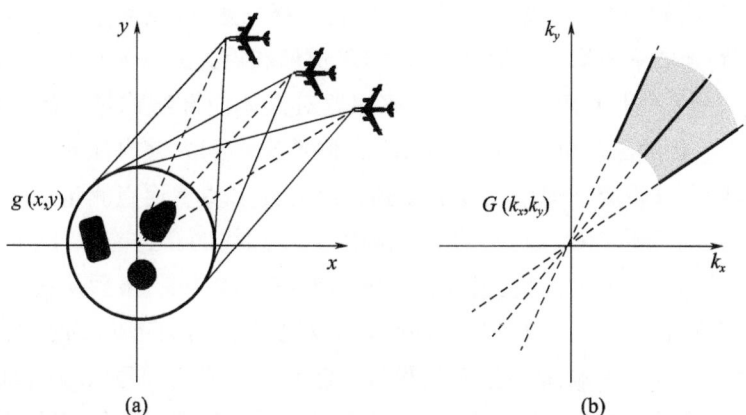

图 1.15　雷达多角度观察导致在目标函数频谱空间的两维采样
(a)空间域;(b)空间频率域。

1.8　数学角度理解合成孔径雷达

目前,除了大家熟悉的经典光学成像外,已发展出红外成像、超声成像、CT成像、核磁共振成像、雷达成像等新型成像方式。各种成像方式在数据获取、成像机理上可能存在很大的差别,但就其数学本质而言,却存在很大的共同点。

要得到目标的图像,无非就是要得到目标某种特性在空间的两维分布,在计算机上最终表现为一个两维像素矩阵。因此要得到一幅图像,就是要知道每个像素的像素值。为了方便说明,将图像简化为一个 3×3 的矩阵,如图 1.16 所示,共有 9 个像素,每个像素的像素值分别记为 $x_1, x_2, \cdots, x_9$。要对目标成像,实际上就是要得到这 9 个像素值。要得到这 9 个像素值,最直观的方法就是逐像素测量。就雷达而言,如果不考虑具体实现,假设雷达具有足够小的波束宽度,该波束宽度照射到目标上的尺寸就是希望的分辨单元,如图 1.16 所示,因此可以通过改变波束指向,对每一分辨单元分别进行测量,从而得到整个场景的图像。

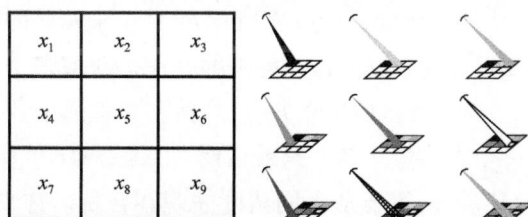

图 1.16　目标图像像素矩阵和逐点探测示意图

然而,在很多情况下没有办法去逐像素直接测量,而能够直接测量得到的往往是某种形式的投影。下面就以医学 CT 成像和雷达成像为例来说明。

医学上,人们非常希望能够利用探测器对人体内部结构进行高分辨率成像,以帮助诊断病因。以脑部成像为例,人们希望得到大脑内部的一个切片图像。但实际上又没有任何仪器能够钻到大脑内部去实现逐点测量。那么怎么办呢?后来人们发明了 CT 成像,CT 成像利用了 X 射线的穿透能力,以一束 X 射线从大脑的一侧入射到大脑,射线在大脑内部按直线传播,最后从大脑另一端出来,被接收机接收,如图 1.17(a) 所示。X 射线在经过大脑内部时,会被传播路径上的组织细胞影响而产生衰减,仪器没法直接测量内部每个组织细胞对 X 射线的单独衰减情况,在接收端接收到的实际上是传播路径上所有组织细胞对 X 射线衰减的一个累加和。

对于雷达,根据微波天线理论,天线波束宽度受到天线孔径大小限制,即波束宽度 $\beta \doteq \lambda/D$ (λ 为信号波长,D 为天线孔径大小)。当前常规雷达波束宽度一般在几度到几十度范围,这样宽的波束,照射到远距离的地面时波束足印往往要远大于成像所期望的分辨率大小。因此上面所述的逐分辨单元分别测量的方法实际上也是没法实现的。雷达接收到的每一个脉冲回波信号,是发射信号和目标相互作用的结果,除去发射信号信息后,剩下的关于目标的信号实际上是目标两维空间分布沿视线方向的一个投影。因为一维回波信号中每一个时间延迟采样值实际上是到雷达距离相等的弧线上所有目标回波信号的叠加,所以当目标处于雷达远场时,这些弧线可以近似成垂直于视线方向的直线。也就是说,垂直于视线方向的方位向上,不同目标的回波信号无法单独测量,能够测量得到的是它们的累加和,如图 1.17(b) 所示。

上述例子说明,很多时候仪器没办法直接逐像素测量成像,而只能测量目标两维空域函数的某种形式的投影值。在图 1.16 中,没法对 $x_1, x_2, \cdots, x_9$ 直接测量,但能够测量它们在某些方向的投影值,如图 1.18 所示。那么根据这些投影值有没有可能再重构每个像素值呢? 显然,仅仅根据单个方向的投影值无法得到每一个像素值,因为投影得到的方程个数要少于未知数的个数。为了求出每个像素的值,需要更多的独立方程。解决的办法是获取多个不同方向的投影值,如图 1.18 所示。有了更多的独立方程,当独立方程的个数等于未知数个数时,就可以解出每一个未知像素值。这就说明,不管是 CT 成像还是雷达成像,为了提高方位空间分辨率,需要从不同角度去观察目标。在雷达中,采用大的天线孔径,或者采用合成孔径,其目的本质上就是要从不同角度获取目标信息,从而提高方位空间分辨率。

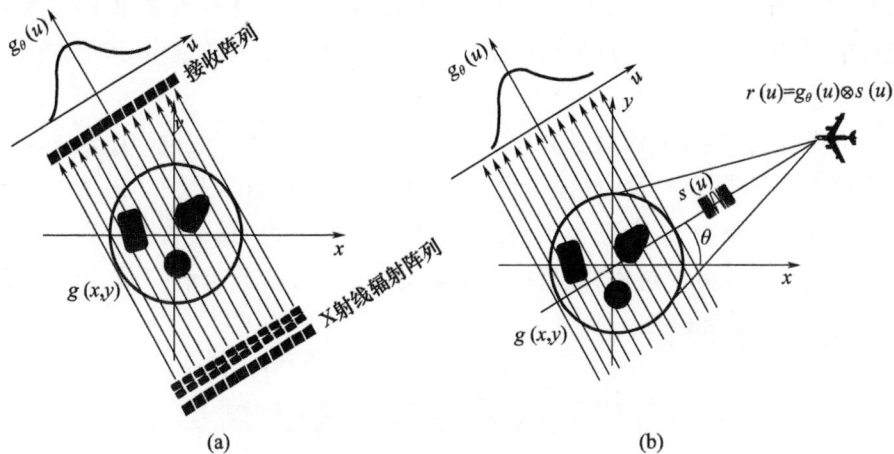

图 1.17　医学 CT 和雷达数据采集过程

(a)医学 CT 数据采集示意图;(b)雷达数据采集示意图。

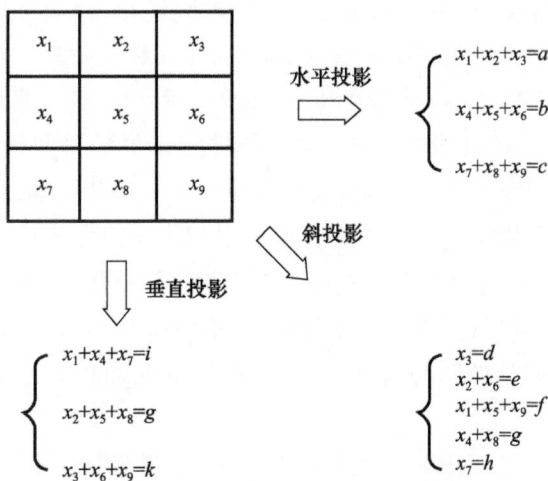

图 1.18　不同视角下的数据投影测量

　　合成孔径雷达发展早期,是利用多普勒现象来解释合成孔径雷达分辨率提高的原因,这样容易得出"雷达运动是雷达方位分辨率提高的根本原因"这一错误解释。实际上,正如前面解释的,雷达方位分辨率提高的根本原因是从不同角度去观察目标。雷达运动只是雷达从不同角度去观察目标的一种具体实现方式,事实上,一个实际的大天线阵也能实现从不同角度观察目标,也有高的方位分辨率。需要说明的是,雷达运动也不是必然就能提高雷达方位分辨率,如前视雷达,其探测目标就在雷达运动方向上,此时即使雷达有运动,但由于运动过程中,雷达相对于目标的视角并没有变化,无法实现多视角观察,因此方位分辨率也无法提高。

值得说明的是,上面为了方便说明成像的本质,将目标假设为由若干离散像素构成,而实际要成像的目标,往往是连续的。要从数学上精确描述连续情况下的成像过程,需要用到 Radon 变换及其逆变换理论,其中数据采集过程相当于一个 Radon 变换过程,而目标重构就是逆 Radon 变换过程,有兴趣的读者可以进一步阅读和研究。

1.9　合成孔径雷达的早期发展历史

现在公认的最早提出合成孔径雷达概念的是美国 Goodyear Aircraft 公司的 C. A. Wiley,他最早提出了利用频率分析来改善雷达方位分辨率的概念,只不过最早提出时名字不是合成孔径,而是多普勒波束锐化,现在看来多普勒波束锐化实际上忽略了方位向的高阶相位调制影响,是一种非聚焦形式的 SAR。几乎在同一时期,美国 Michigan 大学的 L. J. Cutrona 和 Illinois 大学的 C. W. Sherwin 等也独立提出了孔径合成的概念。1953 年夏天,在军方主导下,两所大学和 Goodyear 公司的研究人员在 Michigan 大学举办了一个研讨会,首次提出了利用雷达平台的运动可以将小的天线孔径合成得到大天线孔径从而改善方位分辨率的概念,讨论了 SAR 在高分辨战场监视中的应用前景,并在军方支持下成立了联合项目研究小组开展进一步的研究。1957 年,由 Cutrona 领导的小组首次开发了一个基于光学处理的 SAR 成像处理器,并在同年获得了第一张聚焦式 SAR 图像。

20 世纪 60 年代,Michigan 大学的 E. N. Leith 等发现了 SAR 成像与光学全息成像原理上的相似性,并改进了原有的光学处理方法,提高了 SAR 成像处理性能。利用这种用全息成像的观点来解释合成孔径原理,深化了对 SAR 成像本质的认识。

到了 20 世纪 70 年代,随着数字技术的发展,数字处理技术开始应用于 SAR 成像处理。1975 年,Raytheon 公司的 J. C. Kirk 开发了第一个全数字的 SAR 处理器。早期的 SAR 研究都是针对机载平台,到了 1978 年,美国人发射了第一颗星载 SAR 卫星(Seasat - SAR),随后加州理工大学喷气实验室的华人学者 C. Wu 等提出了经典的距离多普勒算法用于处理星载 SAR 数据。

　　20 世纪 70 年代中期以前,SAR 都工作在条带模式,因为其波束指向相对于雷达平台固定安装,实现相对简单。70 年代中后期,由 Michigan 大学环境实验室的 J. L. Walker 等提出了聚束式 SAR 的概念,并开发了第一个原型系统,该系统实际上是一个 ISAR 系统,雷达不动,利用转台让目标转动,但该模式可以等效于目标不动而雷达围绕目标转动的聚束模式。同时,Walker 还首次用傅里叶重构的概念来解释 SAR 成像处理,并提出了用于处理聚束 SAR 数据的经典极坐标格式算法(Polar Format Algorithm, PFA)。这种傅里叶重构概念后来被 Munson、Soumekh 和 Jakowatz 等进一步推广,利用切片投影定理建立了任意雷达航迹条件下的 SAR 三维傅里叶重构理论,将 SAR 成像原理与医学里的计算机断层扫描成像技术(CT)联系起来,进一步深化了对 SAR 成像本质的理解。

　　到了 20 世纪 90 年代,为了避免经典距离多普勒算法中的插值操作,由加拿大远程遥感中心(CCRC)的 R. K. Raney 和德国航空航天研究所(DLR)的 R. Bamler 等联合提出了尺度变标算法(Chirp Scaling Algorithm, CSA),由于计算效率较高,该算法在大量实际系统中得到了应用。20 世纪 80 年代末 90 年代初,Rocca 等将早已在地震信号处理中得到应用的傅里叶徙动技术应用于 SAR 成像处理,提出了距离徙动算法(Range Migration Algorithm, RMA)。距离徙动算法没有对距离历程采取任何近似,是一种完全精确的成像处理算法。

第 2 章　信号分析和处理基础

典型的 SAR 成像系统包括三个主要部分:①雷达数据采集系统,主要包括雷达发射机、天线、接收机等,它负责产生雷达发射信号来照射目标,并接收目标反射的回波信号,得到包含目标信息的原始数据;②运动测量系统,通常包括全球定位系统(Global Positioning System,GPS)和惯性测量单元(Inertial Measurement Unit,IMU)等,它们用来记录雷达运动信息和天线指向信息等成像处理所需要的辅助信息;③SAR 成像处理系统,它利用运动测量单元获取的辅助信息,对原始回波数据进行处理,获取目标的高分辨率图像。

相比于其他雷达,SAR 数据采集系统和运动测量系统并无本质区别,如对于 SAR 数据采集硬件系统而言,与其他相参体制雷达相比唯一的要求是发射信号带宽要更大一些,然后在数据采集时让雷达运动起来。而对于运动测量系统,更是与其他雷达的要求没本质区别。区别于其他雷达,SAR 最大的不同在于信号处理,典型 SAR 成像处理通常包含运动补偿、成像算法和自聚焦等多个复杂的成像处理过程。因此,SAR 成像信号处理通常被认为是最复杂的雷达信号处理。即便如此,哪怕再复杂的 SAR 成像处理算法,其需要用到的基本信号处理操作无非是复数加减乘除、FFT/IFFT 和插值等几类主要操作的不同组合。其中,复数的加减乘除过于基础,而且在实际操作中也不容易犯错,因此这里不再赘述;而对于 FFT/IFFT 以及插值,虽然在信号处理的相关图书中都有大量介绍,但在实际应用时还存在容易被忽略的细节。本章将对 SAR 成像信号处理涉及的一些基本信号处理操作做一些简单的回顾,并重点指出其中容易犯错的细节。

2.1　空间角度看信号

将所有感兴趣的信号波形集合起来,并定义一些不同信号波形之间的关系和运算,就可以构成一个空间,其中每一个信号波形都可以看成是该信号空间中的一个点,或者是从坐标原点出发的一个向量。这一思想适用于任意一维离散信号、一维连续信号,也适用于二维或者多维信号(如两维图像,给定一幅具体的图像,就是图像空间中一个具体的点)。有了信号空间的概念,就可以将欧氏空间中常用的概念移植到信号空间中来。例如,类似欧氏空间中,向量可以定义长度以及空间两个点之间可以定义距离,现在也可以定义信号向量的长度,以及定义两个信号之间的距离,用来衡量两个信号之间的区分度;还可以定义两个信号的内积,进而定义两个信号之间的角度,从而建立信号正交的概念。总之,常规欧氏空间中大家熟悉的概念都可以推广应用到信号空间中来,这为对信号的分析和深入理解提供了强大的工具。

这种用空间概念来描述信号的观点,有助于建立对信号分析和处理诸多概念的直观理解,也更容易揭示它们的数学本质。举例来说,在进行信号分析时,会经常需要对信号做各种变换,如傅里叶变换、拉普拉斯变换、小波变换等,如果从信号空间的角度来理解,对信号做不同的变换,实际上只是信号空间中同一个点(对应某一个信号波形)在不同坐标系下的坐标表示而已,换一个坐标系,其对应坐标表示也会发生变化,对应的就是另一种变换。再如,机器学习里对目标的分类,假设要根据图像判定图像里的目标是猫还是狗,每一幅图像都假设是信号空间中的一个点,不同图像就是空间中不同的点,虽然它们之间会存在差别,对应信号空间中不同的点,但由于又存在相似性,因此各个点之间的距离又不会隔得太远。因此在信号空间中,所有狗的图片聚焦在一块区域,而所有猫的图片聚焦在另外一块区域,两块区域之间存在较远的距离,因此分类就是要在信号空间中找到一个超平面,将两类目标分隔开来。这样的例子还可以举出很多,典型如对信号的滤波、数字通信中的编码,都可以从空间的角度给出很直观的解释,甚至还可以纯粹从空间的角度出发,给出通信信道容量公式的直观推导。

2.2　信号的坐标表示

下面将从广义空间的角度来理解信号和对信号进行分析。考虑到部分读者可能对泛函分析等数学知识不太了解,先从大家熟知的三维(有限维)空间出发,逐渐过渡到无限维信号空间。

在人们生活的三维空间中,为了定量描述一个点的空间位置,需要先建立坐标系,然后就可以用一组与坐标轴有关的数(坐标)来描述点的位置。空间中同一个点,在不同的坐标系里具有不同的坐标表示形式。理论上,坐标系的选择具有很大任意性,如直角坐标系、球坐标系和柱坐标系等。即使是对于同一种坐标系,坐标原点、坐标轴方向和尺度等参数在一定范围内也都可以任意定义。尽管如此,对于特定的任务,有可能选择某种特殊的坐标系,对坐标的表示或者变换会带来极大的方便。

如图 2.1 所示,对于空间一点 A,可以建立坐标系 $\Re_m$,此时其坐标为 (x_m, y_m, z_m),也可以建立坐标系 $\Re_n$,则其坐标变为 $(x'_m, 0, 0)$,即在新坐标系里只有一个坐标分量是非零的。这说明空间中的同一点,当选择的坐标系不同时,其坐标表示可能会有很大区别。在某些情况下选择一个合适的坐标系可能会使问题变得更加简单,如这里选择 $\Re_n$ 坐标系就可以使得坐标只有少量的非零,从而使问题简化。

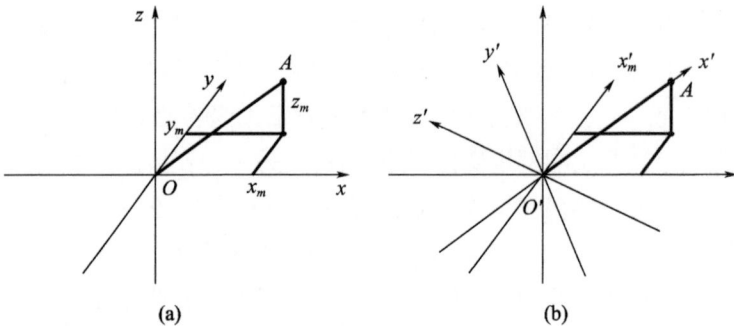

图 2.1 坐标系和坐标系的变换

(a)坐标系 $\Re_m$;(b)坐标系 $\Re_n$。

从线性代数的角度,空间坐标的建立实际上就是在空间指定一组线性无关的完备基向量。空间任意一个点的坐标就是由该点分解到与该组线性无关向量基上的分量组成的向量,由于分解是唯一的,因此在指定坐标系下,空间任意一点的坐标也是唯一的。以 N 维线性空间为例,假设 $(e_1, e_2, \cdots, e_N)$ 为 N 维空间的一组线性无关向量。空间中任意一点 p 都可以唯一的表示为该组向量的线性组合,即 $p = x_1 e_1 + x_2 e_2 + \cdots + x_N e_N = \sum_{k=1}^{N} x_k e_k$,因此可以称分解系数 $(x_1, x_2, \cdots, x_N)$ 为点 p 在坐标系 $(e_1, e_2, \cdots, e_N)$ 下的坐标。当修改坐标系时,实际上就是换一组新的线性无关的完备基。例如,对于同一点 p,当用 $(e'_1, e'_2, \cdots, e'_N)$ 作为空间的坐标系时,其坐标也会相应地变为 $(x'_1, x'_2, \cdots, x'_N)$,由于两坐标表示的是同一点 p,因此该坐标满足 $x'_1 e_1 + x'_2 e_2 + \cdots + x'_N e_N = x_1 e_1 + x_2 e_2 + \cdots + x_N e_N$。由于 N 维线性空间中这种线性无关向量组有无穷多组,因此 N 维空间中坐标系的选择有无限种可能。具体选择哪种坐标系更合适,需要根据实际问题来具体分析。

下面来考虑最常见的时域信号。假设有时域信号 $g(t)$,对该连续时间信号以固定采样率采样得到 N 点离散时间序列 $g(n)$, $n=1,2,\cdots,N$,如图 2.2 所示。

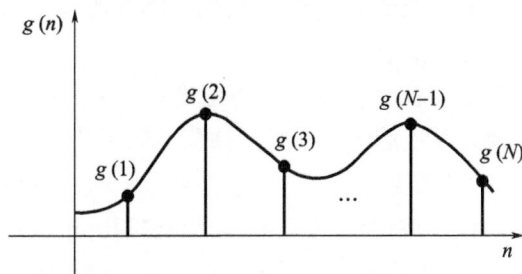

图 2.2　时域离散采样信号

如果将所有 N 点序列构成的信号组成的集合看成一个 N 维空间,则任意时间序列 $g(n)$, $n=1,2,\cdots,N$ 都可以看成是空间中的一个点。下面来看该点的坐标表示。

根据单位采样序列的特性,任意一个时间序列都可以表示为序列本身与单位采样序列的卷积。因此,任意一个时间序列都可以用一组延迟的单位采样序列的幅度加权的线性组合表示,即

$$g(n) = g(n) \otimes \delta(n) = \sum_{k=1}^{N} g(k)\delta(n-k) \tag{2.1}$$

式中: $\delta(n)$ 为单位冲激函数。

这一过程也可以用图 2.3 形象说明。图 2.3(a) 是一组 N 个单位采样序列,图 2.3(b) 是 N 个单位采样序列的加权求和,它恰好等于图 2.2 中的采样序列 $g(n)$ 。因此,离散时域信号本身也可以理解成是信号在一组坐标基 $(e_1,e_2,\cdots,e_N)$

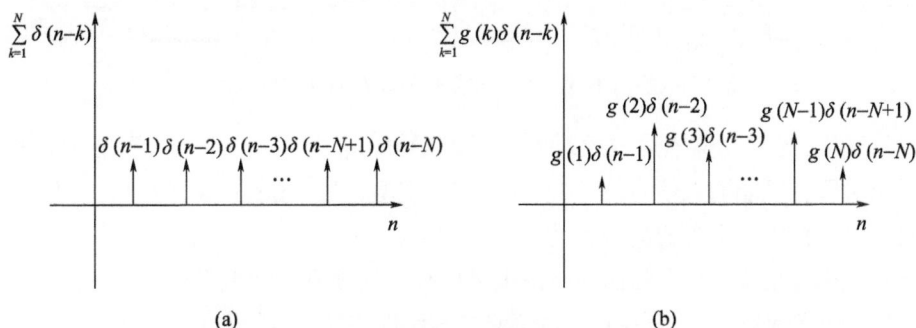

(a)

(b)

图 2.3　单位采样序列和单位采样序列的加权和
(a)单位采样序列;(b)单位采样序列的加权和。

下的展开,展开系数(坐标)就是时间序列本身,其中第 k 个坐标基函数 $e_k = \delta(n-k)$,即坐标轴是由单位采样序列的不同时间延迟组成。这种将复杂信号分解成多个简单信号的线性叠加的方法,对信号本身的分析以及线性系统对信号响应的分析等都具有重要意义。

考虑一个线性时不变系统 T,如果任意给定一个输入时间序列 $g(n)$,那么如何来计算该信号通过系统后的输出呢? 如果不采用这种化繁为简的策略,针对每一个新的信号,就必须要重新来分析系统对该信号的响应。而如果采取上述分解策略,即将时间序列表示成具有不同时间延迟的单位采样序列的线性叠加,那么就只需要分析线性系统对不同延迟单位采样序列的响应。又由于系统是时不变系统,利用时不变响应特性,实际只需要考虑系统对无延迟的单位采样序列 $\delta(n)$ 的响应即可。如图2.4所示,假设线性时不变系统对单位采样序列 $\delta(n)$ 的响应为 $h(n)$,可以得到对于任意的输入序列 $g(n)$,当将其分解成单位序列响应的线性叠加后有 $g(n) = \sum_{k=1}^{N} g(k)\delta(n-k)$,则利用系统的线性时不变特性,可以得到系统对输入 $g(n)$ 的响应为

$$y(n) = \sum_{k=1}^{N} g(k)h(n-k) = g(n) \otimes h(n) \tag{2.2}$$

这也就是为什么线性时不变系统的输出等于输入序列与单位冲击响应序列的卷积的缘由。

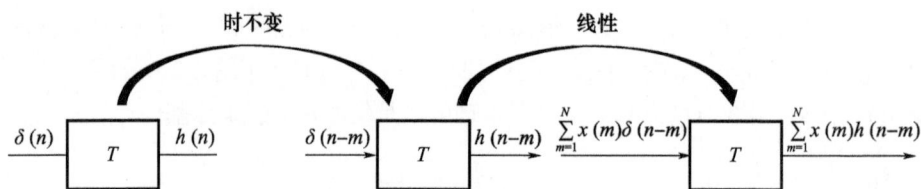

图2.4 线性时不变系统的冲激响应以及对任何输入的响应

这样,为了完整描述线性时不变系统对输入信号的响应特性,不需要计算系统对所有可能输入信号的响应,而只需要知道它对单位采样序列的响应 $h(n)$ 就可以完整描述系统的响应特性。

上面有限维情况下得出的结论也可以很方便地推广到无限维的情况。假设有连续时间信号 $g(t)$,利用单位冲激函数的特性,容易得到 $g(t)$ 也可以表示为

$$g(t) = g(t) \otimes \delta(t) = \int_{-\infty}^{+\infty} g(u)\delta(t-u)\mathrm{d}u \tag{2.3}$$

也就是说任意连续信号都可以表示为无限多个具有不同时间延迟的单位冲激函数的加权组合。从坐标表示的观点,就是选择了冲激函数集 $\delta(t-u)$ 作为坐标系,得到对应的坐标就是函数本身 $g(u)$。

前面已经提到,对于空间中点的坐标表示,当选择不同的坐标系时,信号会有完全不同的坐标表示。上面以单位采样序列(冲激函数)作为基函数,得到在该坐标系下时间序列(连续时间信号)的坐标就是时间序列(时间函数)本身。理论上,可以选择线性空间中的任意一组线性无关基作为坐标系来分析信号的坐标表示。假设基函数为 $\chi(u,t)$,其中不同的 u 对应不同的坐标基(轴),$G(u)$ 对应该坐标基下的坐标分量,因此信号分解为

$$g(t) = \int G(u)\chi(u,t)\,\mathrm{d}u \tag{2.4}$$

从信号的表示来说,只要坐标基函数集能够张成整个感兴趣的信号空间,坐标系的选择具有任意性。但正如前面提到的,选择某些合适的坐标系有可能会使某些问题变得更加简单。

2.3　信号各类变换的统一解释

在信号分析和处理中,经常用到信号的各种变换,如傅里叶变换、拉普拉斯变换、余弦变换和小波变换等,这些变换可以统一写成式(2.4)所示的坐标表示形式。

对于时域信号 $g(t)$,如果选择 $\chi(\omega,t)=\exp(\mathrm{j}\omega t)$ 作为坐标系基函数,其中不同的 ω 对应不同的坐标基函数,在该基函数下的坐标分量记为 $G(\omega)$,则信号可以表示为

$$g(t) = \int G(\omega) \cdot \exp(\mathrm{j}\omega t)\,\mathrm{d}\omega \tag{2.5}$$

这正是信号的逆傅里叶变换公式,其中:$G(\omega)$ 为信号的频谱。因此信号的频谱实际上可以理解成信号在由复指数函数构成的坐标基下的坐标表示。由于坐标基具有正交性,因此坐标分量可以通过投影将信号分解到坐标轴上求得,即通过求内积将信号 $g(t)$ 投影到坐标轴 $\exp(\mathrm{j}\omega t)$(注意求内积时一个信号要取共轭),有

$$G(\omega) = \int g(t) \cdot \exp(-\mathrm{j}\omega t)\,\mathrm{d}t \tag{2.6}$$

这正是对信号求傅里叶变换的公式。

如果选择 $\chi(s,t)=\exp(st)$ 作为坐标基函数,其中不同 s 对应不同的坐标基

函数,在该基函数下的坐标分量记为 $G(s)$,则信号可以按坐标表示为

$$g(t) = \int G(s) \cdot \exp(st) \mathrm{d}s \qquad (2.7)$$

同样,可以得到坐标分量的计算公式,即

$$G(s) = \int g(t) \cdot \exp(-st) \mathrm{d}t \qquad (2.8)$$

式(2.8)和式(2.7)正是拉普拉斯变换和逆变换。

因此,可以看到,$g(t)$、$G(\omega)$、$G(s)$ 或者其他变换,都只是同一信号在不同坐标系下的坐标表示而已,如表2.1所列。正所谓"横看成岭侧成峰,远近高低各不同",在不同的坐标系下,信号的坐标表示形式完全不同,但它们本质上却是同一信号。

表 2.1　信号的不同坐标分解表示

	坐标系	坐标	信号表示
默认时域	$\delta(t-\tau)$	$g(\tau)$	$g(t) = \int g(\tau) \cdot \delta(t-\tau) \mathrm{d}\tau$
傅里叶变换	$\exp(\mathrm{j}\omega t)$	$G(\omega)$	$g(t) = \int G(\omega) \cdot \exp(\mathrm{j}\omega t) \mathrm{d}\omega$
拉普拉斯变换	$\exp(st)$	$G(s)$	$g(t) = \int G(s) \cdot \exp(st) \mathrm{d}s$
Z 变换	z^n	$G(z)$	$g(n) = \oint_c G(z) \cdot z^{n-1} \mathrm{d}z$

2.4　线性移不变系统的特征函数

从2.3节的分析中得知,信号可以分解成不同基函数的加权之和。就信息保留而言,任意完备的函数集合都可以选择作为基函数集,选择不同的坐标基表示都能完整保留信号信息,不会有任何信息损失。但在具体应用时,为了分析和处理方便,选择何种坐标系,还需要具体问题具体分析。在某些情况下,选择合适的坐标系,有可能给信号的分析和处理带来极大的方便。

就线性移不变系统而言,就存在这样特殊的坐标系。众所周知,对于一般的输入函数,线性移不变系统的输出是输入函数与系统的冲激响应的卷积结果,如图2.5所示。

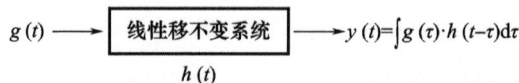

$$g(t) \longrightarrow \boxed{\text{线性移不变系统}} \longrightarrow y(t) = \int g(\tau) \cdot h(t-\tau) \mathrm{d}\tau$$
$$h(t)$$

图 2.5　线性移不变系统的输入输出关系

这种计算分析起来还是过于复杂,那么有没有更简单的计算系统输出的方式呢? 如果将系统对输入信号的作用类比于矩阵对向量的作用,一般情况下,矩阵 A 作用在向量 x 上的输出表示为 $y = Ax$,但也存在特殊的向量,人们把它们称为特征向量,矩阵作用后的输出只是在输入的基础上乘以一个常数 λ(称为特征值),即 $y = Ax = \lambda x$。那么对于线性移不变系统,是否也存在这样特殊的输入函数,使得系统作用后的输出只是在输入函数的基础上乘以一个常数呢? 确实存在这样的函数,如在傅里叶变换中用到的复指数函数 $\exp(j\omega t)$ 就具有这样的特性。也就是说,复指数函数通过线性移不变系统后,其输出仍为复指数函数,只不过在其前面加了一个复常数,这个复常数的大小与输入复指数函数的频率 ω 有关,记为 $H(\omega)$,因此系统输出的函数为 $H(\omega) \cdot \exp(j\omega t)$,如图 2.6 所示。由于复指数函数具有类似矩阵特征向量的性质,因此可以称复指数函数为线性移不变系统的特征函数。

$$\exp(j\omega t) \longrightarrow \boxed{\text{线性移不变系统}} \longrightarrow y(t) = H(\omega) \cdot \exp(j\omega t)$$
$$H(\omega)$$

图 2.6　特征函数输入线性移不变系统的输出

对于实际输入的任意信号 $g(t)$,为了分析方便,可以对信号在由复指数函数构成的函数基下进行展开,即 $g(t) = \int G(\omega) \cdot \exp(j\omega t) \mathrm{d}\omega$,展开系数即为信号的傅里叶变换 $G(\omega)$。由于展开后的每一个复指数分量通过线性移不变系统都具有简单的输出,再利用线性移不变系统的线性特性,就可以得到整个系统输出为

$$y(t) = \int G(\omega) \cdot H(\omega) \cdot \exp(j\omega t) \mathrm{d}\omega = \int Y(\omega) \cdot \exp(j\omega t) \mathrm{d}\omega \quad (2.9)$$

或者说,在傅里叶坐标基下,系统输出坐标 $Y(\omega)$ 等于输入坐标 $G(\omega)$ 乘以由系统特性决定的系统响应函数 $H(\omega)$,如图 2.7 所示。

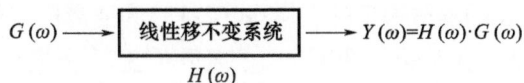

$$G(\omega) \longrightarrow \boxed{\text{线性移不变系统}} \longrightarrow Y(\omega) = H(\omega) \cdot G(\omega)$$
$$H(\omega)$$

图 2.7　复指数坐标下线性移不变系统的输入输出关系

因此,对于线性移不变系统,复指数函数是系统的特征函数,这种函数通过系统后仍然保持原来的波形,只是相差一个相乘的复常数,该复常数称为系统的特征值,它随输入复指数函数的频率变化而变化,构成系统的传递函数。

2.5 傅里叶变换

正是由于上述性质,使得傅里叶变换在线性移不变系统的分析和处理中具有非常重要的意义。在 SAR 成像处理中,傅里叶变换更是起着举足轻重的作用。

2.5.1 连续时间傅里叶变换

首先考虑连续时间信号的情况,假设某时域信号 $g(t)$,其频谱为 $G(\omega)$,则它们之间存在傅里叶变换关系,即

$$G(\omega) = \int_{-\infty}^{\infty} g(t) \cdot \exp\{-\mathrm{j}\omega t\} \mathrm{d}t \qquad (2.10)$$

$$g(t) = \int_{-\infty}^{\infty} G(\omega) \cdot \exp\{\mathrm{j}\omega t\} \mathrm{d}\omega \qquad (2.11)$$

其中:式(2.10)为傅里叶正变换;式(2.11)为傅里叶逆变换。严格来说,式(2.11)中还存在一个 $1/2\pi$ 的常数因子,但在雷达成像处理中,一般不关心常数幅度效应,因此,本书中为了简化符号表示统一忽略了常数幅度的影响。

2.5.2 离散傅里叶变换

由于当前绝大部分信号处理系统都采用数字方式,下面考虑离散傅里叶变换。

对于一个长度为 N 点的离散时间采样信号 $g(n)$,其离散傅里叶谱为 $G(k)$,则它们之间存在离散傅里叶变换关系,即

$$G(k) = \sum_{n=0}^{N-1} g(n)\exp\left\{-\mathrm{j}\frac{2\pi kn}{N}\right\}, k = 0, \cdots, N-1 \qquad (2.12)$$

$$g(n) = \frac{1}{N}\sum_{k=0}^{N-1} G(k)\exp\left\{+\mathrm{j}\frac{2\pi kn}{N}\right\}, n = 0, \cdots, N-1 \qquad (2.13)$$

其中:式(2.12)为正的离散傅里叶变换;式(2.13)为逆离散傅里叶变换。

需要注意的是,跟人的习惯不同,在离散傅里叶变换中,对于时域信号 $g(n)$,其第一个采样值 $g(0)$,对应时间的零点;对于频谱 $G(k)$,其第一个采样值 $G(0)$ 对应于频域的零点。这是在实际实现时最容易忽视的地方。

假设一关于时域零点对称的矩形窗函数信号 $g(t)$,对其进行如图 2.8 所示采样,得到 N 点的离散信号 $g(n)$,对于该采样信号,通常习惯认为其时域零点是中间那个采样点。但如果直接对这个离散序列做离散傅里叶变换,系统默认

第一个采样点是时域的零点,因此得到的结果并不是想要的结果。为了得到正确结果,需要将该采样序列的时间零点移到第一个采样点,如图 2.9 所示。

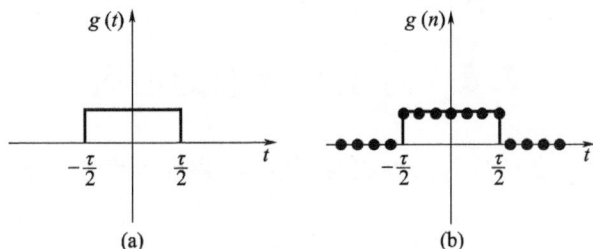

图 2.8　矩形窗函数及其离散采样信号

(a)连续信号;(b)离散采样信号。

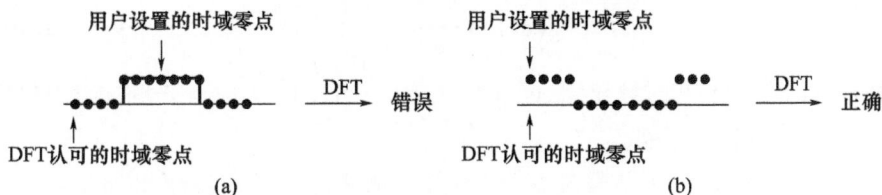

图 2.9　时域函数的零点位置

(a)零点位置错误;(b)零点位置正确。

2.5.3　推广到空域信号

上述傅里叶变换定义也可以推广到空域信号,假设一空域信号 $g(x)$,其傅里叶变换定义为

$$G(k_x) = \int_{-\infty}^{\infty} g(x) \cdot \exp\{-jk_x x\} \, dx \qquad (2.14)$$

逆傅里叶变换为

$$g(x) = \int_{-\infty}^{+\infty} G(k_x) \cdot \exp\{jk_x x\} \, dk_x \qquad (2.15)$$

式中: k_x 为 x 对应的空间角频率,其含义完全类似于时间变量对应的角频率 ω。只不过时间角频率的单位为 rad/s,而空间角频率的单位为 rad/m。

进一步,将一维信号扩展到两维信号,假设两维空域函数 $g(x,y)$,其两维傅里叶变换定义为

$$G(k_x, k_y) = \int_{-\infty}^{\infty} \int_{-\infty}^{\infty} g(x,y) \cdot \exp\{-j(k_x x + k_y y)\} \, dx dy \qquad (2.16)$$

两维逆傅里叶变换为

$$g(x,y) = \int_{-\infty}^{\infty} \int_{-\infty}^{\infty} G(k_x, k_y) \cdot \exp\{j(k_x x + k_y y)\} \, dk_x dk_y \qquad (2.17)$$

2.6　傅里叶变换的性质

(1)线性。两个信号的线性组合,其频谱为两个信号频谱的对应线性组合,即

$$\alpha g_1(t) + \beta g_2(t) \leftrightarrow \alpha G_1(\omega) + \beta G_2(\omega) \qquad (2.18)$$

式中:"↔"表示两边是傅里叶变换对。

(2)尺度变换。一个域的尺度变换,对应另一个域的逆尺度变换,即

$$g(at) \leftrightarrow \frac{1}{|a|} G\left(\frac{\omega}{a}\right) \qquad (2.19)$$

当$|a| > 1$时,信号在时域压缩,但在频域展宽;当$|a| < 1$时,信号在时域展宽,但在频域却进行了压缩。

(3)复共轭。一个信号复共轭后,其频谱为原来频谱沿频率轴反转并共轭,即

$$g^*(t) \leftrightarrow G^*(-\omega) \qquad (2.20)$$

式中:"*"代表共轭。

(4)移位/调制。信号时域的移位,对应频谱上乘以一个线性相位函数;类似地,信号频域移位对应时域乘以一个线性相位函数,即

$$\begin{cases} g(t-t_0) \leftrightarrow G(\omega) \cdot \exp\{-j\omega t_0\} \\ g(t) \cdot \exp\{j\omega_0 t\} \leftrightarrow G(\omega - \omega_0) \end{cases} \qquad (2.21)$$

(5)对称性。对于实信号,其频谱是关于零频共轭对称的,即

$$G(\omega) = G^*(-\omega) \qquad (2.22)$$

对于复信号,其频谱不具有这种对称关系。因此,对于实信号,负频率上频谱可完全由正频率上频谱确定,不含有独立信息。对于复信号,负频率上频谱无法由正频率频谱确定,它是含有独立信息的。

(6)卷积/相乘。两信号时域卷积,对应频谱为两信号频谱的相乘,即

$$g_1(t) \otimes g_2(t) \leftrightarrow G_1(\omega) \cdot G_2(\omega) \qquad (2.23)$$

反过来,两信号时域相乘,对应频谱为两信号频谱的卷积,即

$$g_1(t) \cdot g_2(t) \leftrightarrow G_1(\omega) \otimes G_2(\omega) \qquad (2.24)$$

2.7　常用信号及其傅里叶变换

下面给出信号分析和处理中常用的一些函数定义及其傅里叶变换表达式（表2.2）。

冲激函数可表示为

$$\delta(t) = \lim_{N\to\infty} \exp(-N^2\pi t^2) \tag{2.25}$$

矩形函数可表示为

$$\mathrm{rect}(t) = \begin{cases} 1, & |t| < \dfrac{1}{2} \\ 0, & \text{其他} \end{cases} \tag{2.26}$$

三角窗函数可表示为

$$\Lambda(t) = \begin{cases} 1 - |t|, & |t| \leqslant 1 \\ 0, & \text{其他} \end{cases} \tag{2.27}$$

sinc 函数可表示为

$$\mathrm{sinc}(t) = \frac{\sin\pi t}{\pi t} \tag{2.28}$$

复指数函数可表示为

$$\exp(j\omega_0 t) \tag{2.29}$$

线性调频函数可表示为

$$\exp(j\pi k t^2) \tag{2.30}$$

表 2.2　常用函数及其傅里叶变换表达式

函数	傅里叶变换式
$\delta(t)$	1
$\mathrm{rect}(at)$	$\dfrac{1}{|a|}\mathrm{sinc}\left(\dfrac{\omega}{2\pi a}\right)$
$\Lambda(at)$	$\dfrac{1}{|a|}\mathrm{sinc}^2\left(\dfrac{\omega}{2\pi a}\right)$
$\mathrm{sinc}(at)$	$\dfrac{1}{|a|}\mathrm{rect}\left(\dfrac{\omega}{2\pi a}\right)$
$\exp(j\omega_0 t)$	$\delta(\omega-\omega_0)$
$\exp(j\pi k t^2)$	$\exp\left(-j\dfrac{\omega^2}{4\pi k}\right)$

2.8 驻留相位

驻留相位是针对幅度慢变相位快变这类特殊函数的一种快速积分方法,为一大类无法得到精确解析解的函数积分提供了一种快速通用的计算途径。下面将简单介绍其原理,并给出其在 SAR 信号分析里的两个应用。

2.8.1 基本原理

考虑积分函数,即

$$I = \int_{-\infty}^{\infty} f(x) \cdot e^{-j\phi(x)} dx \qquad (2.31)$$

式中:$\phi(x)$ 为关于 x 的快变函数;$f(x)$ 为关于 x 的慢变函数。在 $\phi(x)$ 变化较快的区域,指数项的实部和虚部都在 0 附近快速振荡,使得 I 在这些区域积分趋向于零。对积分结果贡献较大的是在相位几乎不变的区域,即相位的导数等于 0 的区域($d\phi/dx = 0$)。相位导数等于 0 的点称为驻留相位点,这里用 x_s 表示,即

$$\phi'(x_s) = 0 \qquad (2.32)$$

对 $\phi(x)$ 在驻留点处做泰勒展开,并忽略二阶以上高阶项,可以得到

$$\phi(x) \approx \phi(x_s) + \frac{1}{2}\phi''(x_s)(x - x_s)^2 \qquad (2.33)$$

将式(2.33)代入式(2.31),同时考虑到 $f(x)$ 是慢变函数,在驻留点附近 $f(x) \approx f(x_s)$,由此可以得到

$$I \approx f(x_s) e^{-j\phi(x_s)} \int_{-\infty}^{\infty} e^{-j\phi''(x_s)(x-x_s)^2/2} dx$$

$$\approx \sqrt{\frac{2\pi}{j\phi''(x_s)}} f(x_s) e^{-j\phi(x_s)} \qquad (2.34)$$

从式(2.34)可以看到,对于这类特定的积分函数,积分结果可以很容易近似得到,它就约等于被积函数在驻留相位点的取值(严格来说相差一个常数因子,但在 SAR 成像处理时常数因子对目标聚焦无影响,因此在下面的应用中忽略了该常数因子)。

2.8.2 两个应用

(1)线性调频信号的频谱。

线性调频信号在工程上产生容易,而且具有很大的时间带宽积,能够解决

雷达距离探测时分辨率和作用距离的矛盾,因此是目前 SAR 领域用得最多的一种发射信号。信号的频谱是距离向匹配滤波设计的关键,但对于线性调频信号,理论上无法得到该信号的精确解析频谱表示,而驻留相位提供了一种快速的近似计算方法,在信号时间带宽积足够大时,其相位谱精度完全能够满足 SAR 距离向精确聚焦的要求。

考虑线性调频信号,即

$$s(\tau) = \text{rect}\left(\frac{\tau}{T}\right) \cdot \exp(\text{j}\pi k\tau^2) \qquad (2.35)$$

式中:T 为信号持续时间;k 为信号调频斜率。该信号带宽为 $B = kT$。

线性调频信号的频谱计算公式为

$$\begin{aligned}
s(\omega) &= \int_{-\infty}^{+\infty} s(\tau) \cdot \exp(-\text{j}\omega\tau)\text{d}\tau \\
&= \int_{-\infty}^{+\infty} \text{rect}\left(\frac{\tau}{T}\right) \cdot \exp[\text{j}(\pi k\tau^2 - \omega\tau)]\text{d}\tau
\end{aligned} \qquad (2.36)$$

理论上,式(2.36)函数积分无法得到精确的解析表示。由于上述积分函数满足幅度慢变相位快变这一要求,因此下面通过驻留相位原理得到它的近似解析表示。

驻留相位原理应用的核心是驻留相位点的计算,根据 2.8.1 节所述原理,驻留相位点是对相位导数等于 0 的点,即相位驻留点满足

$$\frac{\text{d}(\pi k\tau^2 - \omega\tau)}{\text{d}\tau} = 0 \qquad (2.37)$$

解上述方程可以得到驻留点,即

$$\tau_s = \frac{\omega}{2\pi k} \qquad (2.38)$$

将式(2.38)代入式(2.36)中的积分函数,可得到线性调频信号的近似频谱,即

$$s(\omega) = \text{rect}\left(\frac{\omega}{2\pi kT}\right) \cdot \exp\left\{-\text{j}\frac{\omega^2}{4\pi k}\right\} \qquad (2.39)$$

式(2.39)中忽略了不重要的常数因子。

(2)球面波信号的频谱。

SAR 方位向信号可以表示为球面函数的形式,即

$$s(x) = \exp\left\{-\text{j}k_r \sqrt{y_n^2 + (x_n - x)^2}\right\} \qquad (2.40)$$

式中:x_n, y_n, k_r 均为常数。

方位信号的频谱是 SAR 方位向聚焦处理的关键,根据傅里叶变换理论,式(2.40)所示函数频谱可以表示为

$$s(k_x) = \int_{-\infty}^{+\infty} s(x) \exp(-jk_x x) \, \mathrm{d}x$$

$$= \int_{-\infty}^{+\infty} \exp\{-jk_r \sqrt{y_n^2 + (x_n - x)^2}\} \cdot \exp(-jk_x x) \, \mathrm{d}x \quad (2.41)$$

同样,该积分函数也无法得到精确的解析表示,需要用驻留相位原理求得近似解。

为了简化分析,先计算 $s(x) = \exp\{-jk_r \sqrt{y_n^2 + x^2}\}$ 的频谱,有

$$s(k_x) = \int_{-\infty}^{+\infty} s(x) \exp(-jk_x x) \, \mathrm{d}x$$

$$= \int_{-\infty}^{+\infty} \exp\{-jk_r \sqrt{y_n^2 + x^2}\} \cdot \exp(-jk_x x) \, \mathrm{d}x \quad (2.42)$$

然后再利用傅里叶变换的移位调制性质,得到式(2.40)的频谱。先计算式(2.42)中相位驻留点,即

$$\frac{\mathrm{d}}{\mathrm{d}x}(k_r \sqrt{y_n^2 + x^2} + k_x x) = 0 \quad (2.43)$$

解上述方程得到驻留相位点,即

$$x_s = -\frac{k_x}{\sqrt{k_r^2 - k_x^2}} y_n \quad (2.44)$$

将驻留相位点代入式(2.42)中积分函数,得到频谱的近似表示,即

$$s(k_x) = \exp\{-jy_n \sqrt{k_r^2 - k_x^2}\} \quad (2.45)$$

再利用傅里叶变换的平移调制特性,可以得到式(2.40)所示球面波信号的频谱为

$$s(k_x) = \exp\{-j[y_n \sqrt{k_r^2 - k_x^2} + x_n k_x]\} \quad (2.46)$$

2.9 变量的变换(插值实现)

在 SAR 成像处理中,为了去除信号两维耦合或者将高阶相位变换为线性相位,通常会需要对数据自变量做非线性变换或者变系数的线性变换,有些是一维的变量变换,有些是两维的变量变换。例如,距离徙动算法中的 Stolt 变换,就是要对距离频率自变量 k_r 做一个一维非线性变换 $k_y = \sqrt{k_r^2 - k_x^2}$,使其变为新的自变量 k_y。极坐标格式算法中的极坐标格式转换本质上是一个从极坐标变量到矩形格式变量的两维变量替换。在第 5 章介绍的球面几何算法中,既存在一维变量变换,也存在两维的变量变换。

2.9.1　一维变量变换

假设一维函数 $g(u)$，变换前的自变量为 u，希望对该函数的自变量做一个变换，变换为新的自变量 v，使关于新的自变量的函数表达式更为简洁或者更为方便处理。举例来说，假设有函数 $g(u)=au^3$，该函数是自变量的非线性函数，如果希望将其变为更为简单的线性函数，可以对自变量做变换 $u=\sqrt[3]{v}$，则变换后新的函数就变为线性函数 $h(v)=g(\sqrt[3]{v})=av$。

不失一般性，假设新旧自变量之间满足关系

$$u=\kappa(v) \tag{2.47}$$

变换后函数变为 $h(v)=g(\kappa(v))$。

对于实际的离散信号，如 SAR 回波数据，要实现上述自变量的变换，最常用的实现方式是通过对数据进行插值重采样处理完成，如图 2.10 所示。假设变换前数据在原有自变量上是均匀采样的，采样位置如图 2.10(a) 横轴中的圆圈所示，通过新旧变量的变换关系映射到新的自变量上后，对应的采样位置往往不是希望的位置，如果变换关系为非线性，则在新的自变量上采样是非均匀的。而希望变换后在新的自变量上采样也是均匀的，如图 2.10(b) 中纵坐标上三角形所示位置。那么如何得到这些希望位置上函数值呢？可以将纵轴上的三角形所在位置通过自变量之间的映射关系返回到原有自变量上，对应位置如横轴上三角形所示位置，在原有函数数据上对这些位置处插值，就可以得到新函数在希望坐标上的输出。

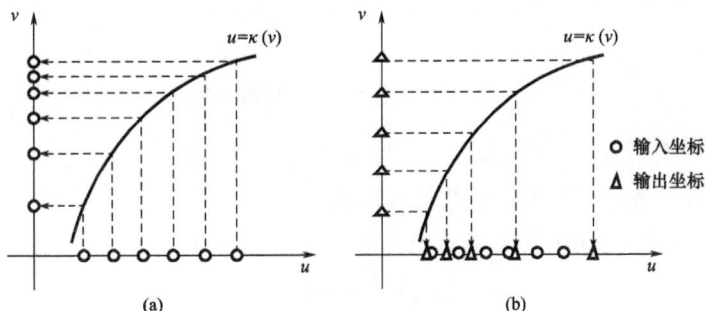

图 2.10　新旧坐标的采样位置映射关系(一维)
(a)原有采样数据；(b)重采样后采样数据。

2.9.2　二维变量变换

类似地，假设有二维函数 $g(u,v)$，变换前的自变量为 u 和 v，希望对该函数的两个自变量做一个变换,变换后为两个新的自变量 α 和 β,使关于新的自变量的表达式更为简洁或者更为方便处理。不失一般性,假设新旧自变量之间满足关系

$$\begin{cases} u = \xi(\alpha,\beta) \\ v = \zeta(\alpha,\beta) \end{cases} \tag{2.48}$$

变换后函数变为 $h(\alpha,\beta) = g(\xi(\alpha,\beta),\zeta(\alpha,\beta))$。

对于实际的两维离散数据(在原始两维坐标上往往都是均匀采样的),要实现上述两维变换,且使得输出两维数据在两个维度也均是均匀采样的,可以在原始数据上通过两维插值实现,如图2.11所示。图2.11(a)是原始数据的两维采样位置,在两个维度上都是均匀采样的(如图中圆圈所示);图2.11(b)是新的坐标系上希望的采样位置(如图中方形所示),这些希望的新坐标系下采样位置通过式(2.48)映射到旧坐标系下的位置如图中空心方形所示。通过两维重采样在旧坐标系下得到这些位置处的数据值就实现了两维坐标的变换,变换后对应数据在新坐标系下就是如图2.11(b)所示位置处的采样值。

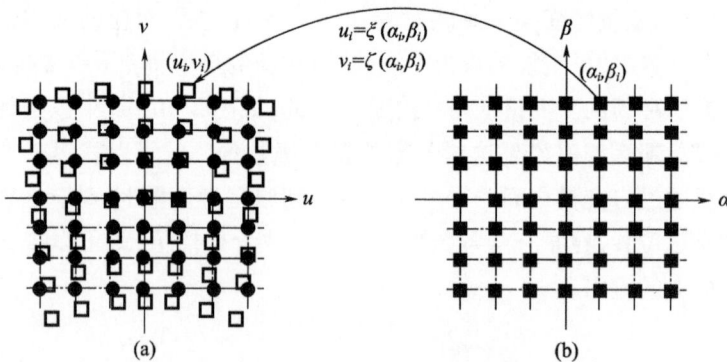

图 2.11　新旧坐标的采样位置映射关系(两维)

对于两维变量的变换,原理上需要通过上述两维插值实现,但实际实现时,为了提高计算效率,往往会尽量将其简化为两个一维的变量变换来实现。例如,极坐标格式转换时,本来是一个两维的变量替换,即

$$\begin{cases} k_x = k_r \sin\theta \\ k_y = k_r \cos\theta \end{cases} \tag{2.49}$$

或者

$$\begin{cases} k_r = \sqrt{k_x^2 + k_y^2} \\ \theta = \arctan\left(\dfrac{k_x}{k_y}\right) \end{cases} \tag{2.50}$$

但具体实现时,为了提高计算效率,通常会将其转换为距离和方位两个一维变量的变换,其中距离向的变换是一个随方位参数变换的线性变换,而方位插值是一个非线性变换。

2.10　相参积累的空间分辨功能

雷达信号处理中,对数据进行积累是改善目标信噪比的一种有效方式。常用的积累方式有相参积累和非相参积累两种,相参积累是对复数据(包含幅度和相位的数据)的一种积累方式,而非相参积累仅仅对信号的幅度进行积累。相参积累的基本思想是调整有用目标信号的相位(如果本身已同相,则无须再调整),使其同相叠加,提高有用信号的能量,而噪声由于存在随机性无法得到同相积累,因而能量积累效率不如目标信号,从而达到改善目标信噪比的目的。因此相参积累最初的目的是用来提高目标的信噪比。但后来发现,当信号满足一定的特性时,相参积累处理在改善信噪比的同时还能改善对目标的空间分辨能力,这也是为什么雷达距离向通过匹配滤波处理(匹配滤波也可以理解成一种相参处理,最初是用来改善目标信噪比的)可以改善距离分辨率的原因。

下面首先以离散信号处理为例,介绍信号相参积累概念。假设有 N 个点的离散序列,每一个点的信号由有用信号和随机噪声组成,即

$$s(i) = A_i \exp(j\varphi_i) + n_i, i = 1, 2, \cdots, N \qquad (2.51)$$

式中:A_i 和 φ_i 为有用信号的幅度和相位。

当有用信号相位已知时,可以对有用信号进行相参积累,即对每一个点信号补偿其相位后再进行同相叠加,得到积累后的信号为

$$y = \sum_{i=1}^{N} s(i) \cdot \exp(-j\varphi_i) = \sum_{i=1}^{N} A_i + \sum_{i=1}^{N} n_i \cdot \exp(-j\varphi_i) \qquad (2.52)$$

可以看到,所有信号的幅度得到同相相加,能量得到大幅提升,而噪声因为是随机的(其相位也是随机的),所以相加过程不会得到同相叠加积累。因此,随着积累点数的增加,有用信号的信噪比将得到大幅提升。

下面结合雷达来讨论一维信号的相参积累处理对目标分辨能力的改善,假设雷达发射信号为 $p(\tau) = A \cdot \exp[j\varphi(\tau)]$,有两个距离不同的目标,其回波信号有不同的时间延迟,因此回波信号可以表示为

$$r(\tau) = \sigma_1 \cdot p(\tau - \tau_1) + \sigma_2 \cdot p(\tau - \tau_2) \qquad (2.53)$$

式中:τ_1 和 τ_2 对应两个目标的时间延迟;σ_1 和 σ_2 对应目标的回波信号散射强度。

针对每一个距离延迟点对信号做相参积累,即做以下处理(匹配滤波的时域实现方式),有

$$y(t) = \int r(\tau) \cdot p^*(\tau - t) \mathrm{d}\tau \tag{2.54}$$

例如,对于延迟 τ_1,输出为

$$y(\tau_1) = \int r(\tau) \cdot p^*(\tau - \tau_1) \mathrm{d}\tau$$

$$= \int \sigma_1 A^2 \mathrm{d}\tau + \int \sigma_2 A^2 \cdot \exp\{\mathrm{j}[\varphi(\tau - \tau_2) - \varphi(\tau - \tau_1)]\} \mathrm{d}\tau \tag{2.55}$$

可以看到在 τ_1 处,目标 1 的信号在所有时间 τ 上的信号相位都被消除,信号实现同相积累(式中积分),幅度得到最大限度提高。为了分辨不同距离的目标,希望时间延迟不是 τ_1 的其他目标的信号能够完全抵消,在此处无输出。对于目标 2 的信号,经过上述处理后(式中第二项),只要发射信号相位 $\varphi(\tau)$ 不是常数或者线性调制(这就要求雷达发射信号不能是常数信号或者单频信号),则不同时间处(τ 不同)的信号还存在不同的残留相位,当该相位在整个相位空间均匀分布时,积累效果趋向于抵消,因此输出结果为 0。反过来,当计算 τ_2 处的输出结果时,目标 2 的信号完全相参积累,获得最高能量;而目标 1 的信号在此处完全抵消,输出为 0。在其他没有目标的时间延迟上,两个目标的信号都趋向于抵消,因此无输出。因此最终结果是在 τ_1 和 τ_2 处输出两个冲激(当然,实际上由于积分时间有限,输出并不是理想的冲激函数),其他位置输出为 0,目标得到分辨,如图 2.12 所示。

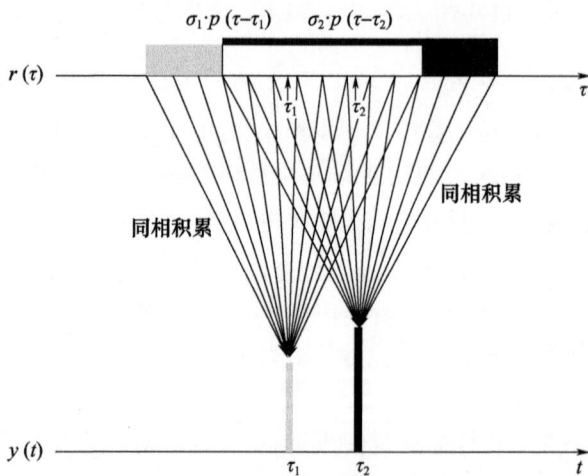

图 2.12　信号相参积累实现高分辨率(一维)

再考虑两维的情况,假设理想点目标的雷达两维回波信号可以建模为

$$Q(t,\tau) = A \cdot \exp\{j\varphi(t,\tau;x_0,y_0)\} \qquad (2.56)$$

式中:(x_0,y_0) 为点目标的空间位置;(t,τ) 为采集数据的方位和距离时间变量。这里为简化分析,假设在整个数据采集支撑区范围内回波幅度为常数,对于聚束模式 SAR,实际信号在方位向整个支撑区和距离向脉冲宽度范围内为常数,其他地方为零。

SAR 成像里标准的时域相关算法可以理解成对信号的两维相参积累过程。它首先针对雷达照射的地面区域划分网格,对于每一个网格点,做相参处理得到目标的成像结果为

$$I(x_i,y_i) = \iint Q(t,\tau) \cdot \exp\{-j\varphi(t,\tau;x_i,y_i)\} \mathrm{d}t\mathrm{d}\tau \qquad (2.57)$$

当 $(x_i,y_i)=(x_0,y_0)$ 时,回波信号所有 (t,τ) 平面内的相位都得到精确补偿,积累(式中二维积分)时所有信号都是同相积累,因此图像在该像素有很强的信号输出。当 $(x_i,y_i) \neq (x_0,y_0)$ 时,图像像素输出为

$$I(x_i,y_i) = \iint A \cdot \exp\{j[\varphi(t,\tau;x_i,y_i) - \varphi(t,\tau;x_0,y_0)]\} \mathrm{d}t\mathrm{d}\tau \qquad (2.58)$$

同样,当两维相位函数满足一定条件时(如在距离和方位向都是二次函数或者高次函数),式中积分函数相位在两维时域内都是变化的,当这种变化在整个相位空间均匀分布时,积分结果也趋向于完全抵消,因此输出结果为零,如图 2.13 所示。

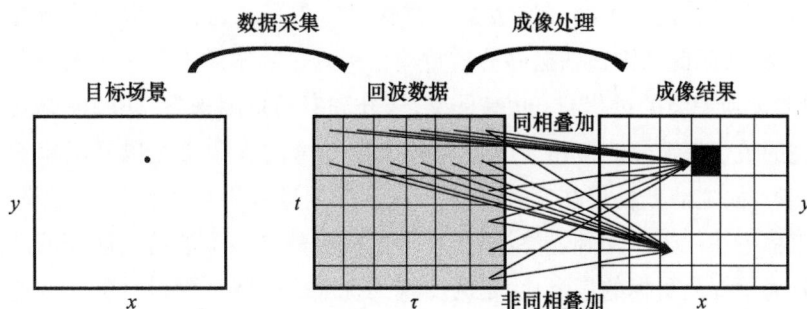

图 2.13　信号相参积累实现高分辨率(二维)

第3章　一维距离成像

雷达最早的功能是对目标进行检测并测量目标的距离,受当时雷达分辨率限制,早期雷达只能将探测目标当作点目标来处理,因而无法获得目标内部细节信息。根据传统雷达距离分辨率理论,雷达探测目标的距离分辨率取决于发射脉冲信号的宽度,脉冲宽度越窄,分辨率越好。但脉冲变窄又会带来另一个问题,即雷达辐射能量的减小,根据雷达作用距离方程,雷达辐射能量的减小必然会导致雷达作用距离的降低。因此,为了提高距离分辨率而减小脉冲宽度,会降低雷达的作用距离,这往往是得不偿失的。雷达的探测距离往往是雷达最重要的指标,只有在优先保证雷达能探测到目标的前提下,再谈其他指标才有意义。正因为如此,早期雷达往往为了提高探测距离而牺牲了分辨率。

为了解决上述分辨率和探测距离的矛盾,后来提出了脉冲压缩理论。脉冲压缩理论的基本思想:为了优先保证雷达探测距离,雷达必须发射宽脉冲,因而回波信号中对目标的距离分辨能力很差,但当发射信号满足一定条件时(时间带宽之积大于1),可以通过对回波信号进行信号处理使得分辨率得到改善(如采用匹配滤波处理,分辨率改善倍数等于发射信号的时间带宽积)。

由于雷达接收得到的回波数据是雷达发射信号与目标距离一维分布函数的卷积结果,因此从雷达数据高分辨重构目标的过程本质上是一个解卷积的过程(或者说逆滤波的过程)。也就是说,从分辨率的角度来看,逆滤波是实现距离压缩的最优滤波器。但由于实际雷达发射信号的有限带宽以及频率截止的非理想特性,逆滤波处理在实际噪声环境下其处理效果鲁棒性往往较差,因而实际工程中往往很少用到逆滤波处理,取而代之的是匹配滤波。匹配滤波最初提出是为了提高目标的信噪比,是为实现最优输出信噪比而设计的。与逆滤波相比,匹配滤波器的系统传输函数与逆滤波系统传输函数具有相同的相位谱,但幅度谱互为倒数。当幅度谱在带宽内近似为常数的情况下,两者具有相似的分辨性能,但匹配滤波还具有更好的抗噪声特性,因而在实际雷达脉冲压缩处理中得到了广泛应用。

雷达发射信号扮演了一个信息搬运的角色,它通过与目标相互作用,能够将目标信息搬运回雷达接收机。发射信号的形式,决定了雷达从回波中获取目标信息的能力。就雷达探测目标的距离分辨能力而言,传统雷达分辨理论认为其只跟发射信号的持续时间(脉冲宽度)有关,时间越窄,分辨力越好,匹配滤波理论则指出雷达距离分辨能力最终取决于发射信号的带宽,带宽越大,分辨能力越强。本章还将从信号空间中两个信号之间距离的角度给出距离分辨能力的另一种解释。

3.1　傅里叶重构基础

3.1.1　傅里叶变换

假设有时域连续信号 $g(t)$,它在由无限多不同单频复信号构成的坐标集上的展开式可表示为

$$g(t) = \int_{-\infty}^{+\infty} G(\omega)\exp(j\omega t)\,d\omega \tag{3.1}$$

$$G(\omega) = \int_{-\infty}^{+\infty} g(t)\exp(-j\omega t)\,dt \tag{3.2}$$

式中: $G(\omega)$ 为 $g(t)$ 在该坐标系下的坐标。式(3.1)和式(3.2)也可以分别认为是信号 $g(t)$ 的逆傅里叶变换和傅里叶变换。标准的逆傅里叶变换定义跟式(3.1)相差一个常数因子 $1/2\pi$,在 SAR 成像里,主要关心的是分辨率,通常不关心信号幅度的绝对值,因此本书为了符号简化,忽略了常数因子。在傅里叶变换定义下, $G(\omega)$ 也称为时域信号 $g(t)$ 的频谱。

考虑到后面的成像是对空间目标的成像,因此进一步将时域信号扩展到空域信号。假设有空域信号 $g(x)$,完全类似于时域信号,可以得到它的傅里叶变换和逆变换定义为

$$傅里叶变换: G(k_x) = \int_{-\infty}^{+\infty} g(x)\exp(-jk_x x)\,dx \tag{3.3}$$

$$逆傅里叶变换: g(x) = \int_{-\infty}^{+\infty} G(k_x)\exp(jk_x x)\,dk_x \tag{3.4}$$

式中: k_x 为空域变量 x 对应的角频率,其定义完全类似于时域变量 t 对应的角频率 ω ,只不过时域角频率的单位为 rad/s,而空域角频率的单位为 rad/m。同样,为简化符号表示,这里忽略了常数因子。

3.1.2　傅里叶重构

现实中，人们往往利用各种传感器来感知和重构目标，从传感器观察数据中获得关于目标的某种信息。传感器直接观察获得的数据往往并不是目标本身，因此目标重构（或者说成像）过程就是从直接观察数据中重构目标本身的过程，如图3.1所示。

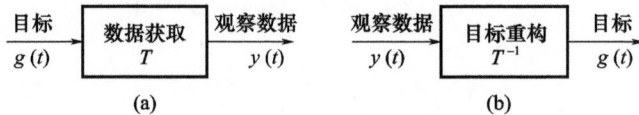

图3.1　数据获取和目标重构系统

(a)数据获取系统；(b)目标重构系统。

如果传感器数据获取系统是线性时不变系统，则观察模型可建模为

$$y(t) = g(t) \otimes h(t) \tag{3.5}$$

式中：$g(t)$为目标函数；$h(t)$为传感器单位冲激响应；$y(t)$为传感器观察数据。式(3.5)说明对于线性时不变观察系统，观察数据是目标函数和系统冲激响应的卷积。目标重构过程就是根据观察数据$y(t)$和系统响应特性$h(t)$，来重构目标信号$g(t)$。因此这一逆过程通常也称为反卷积过程。

要重构$g(t)$，目前已有很多的方法可供选择。从计算效率和重构鲁棒性考虑，目前工程上用得最多的是基于傅里叶变换的重构方法。这种方法的基本思路是先去重构目标函数$g(t)$的频谱，有了频谱再通过逆傅里叶变换即可得到目标函数。

利用傅里叶变换的性质，将式(3.5)两边分别变换到频域后可表示为

$$Y(\omega) = G(\omega)H(\omega) \tag{3.6}$$

式中：$Y(\omega)$为观察信号$y(t)$的频谱；$G(\omega)$为目标函数$g(t)$的频谱；$H(\omega)$为观察系统单位冲激响应$h(t)$的频谱，即系统传输函数。

要从观察信号中恢复目标，可以构建一个目标重构系统。设系统传输函数为$\bar{H}(\omega)$，则当$\bar{H}(\omega) = 1/H(\omega)$时，可以精确重构目标频谱，即重构系统输出频谱为

$$\bar{Y}(\omega) = Y(\omega) \cdot \bar{H}(\omega) = G(\omega) \tag{3.7}$$

有了目标函数频谱，最后将$\bar{Y}(\omega)$做逆傅里叶变换即可得到精确的目标函数。

3.1.3　有限观察带宽效应

实际上,任何观察系统都是具有有限带宽的,即系统传输函数 $H(\omega)$ 只在一定的带宽范围内非零。根据式(3.6),观察得到的目标频谱是目标函数频谱和观察系统传输函数的乘积,那么通过观察系统观察后得到的目标频谱也必然是有限带宽的,即只在有限的带宽范围是非零的。因此,即使通过式(3.7)所示逆滤波处理,也无法再恢复出观察带宽之外的目标频谱,因而也无法精确得到目标函数本身。

假设观察系统具有理想的带通特性,即在带宽范围内(假设带宽为 B)幅度谱为常数,在带宽外为零,则通过逆滤波处理得到的频谱为实际频谱的加窗版本,即

$$Y(\omega) = G(\omega) \cdot \mathrm{rect}\left(\frac{\omega}{B}\right) \tag{3.8}$$

再通过逆傅里叶变换得到目标的重构结果,即

$$y(t) = g(t) \otimes \mathrm{sinc}(Bt) \tag{3.9}$$

实际得到的图像是真实目标函数与系统带宽决定的冲激函数的卷积。图 3.2 给出了一个理想点目标的重构过程。一个时域上理想的点目标(冲激函数),其频谱范围是无限宽的(冲激函数的幅度谱在整个频域内是常数),但实际系统观察后,受观察系统物理限制,实际只观察到了由系统带宽决定的部分目标频谱(可以建模为对原频谱加了一个矩形窗函数),因此通过逆傅里叶变换重构后得

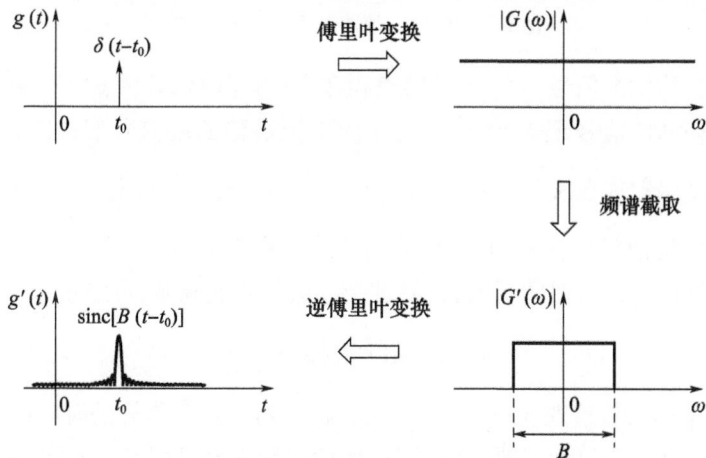

图 3.2　有限带宽观察系统目标重构过程示意图

到目标图像不再是冲激函数,而是变成了 sinc 函数。因此,目标的成像结果相比于目标本身变"胖"了,胖的程度取决于观察系统带宽,带宽越宽,点目标响应越瘦,分辨率越好。当带宽为无限宽时,sinc 函数退化为冲激函数,重构结果为目标函数本身。

3.2 雷达一维成像理论

下面考虑实际雷达如何实现距离一维的高分辨率成像。

3.2.1 信号获取

雷达是一种主动遥感设备,它通过辐射电磁波,照射目标并接收目标回波信号来探测目标信息。这里,先考虑一维成像情况,两维成像将在下章讨论。一维成像几何关系如图 3.3 所示。雷达发射机主动发射电磁波信号,信号以光速传播到达目标后部分能量被目标反射回来,雷达接收机再对回波信号进行接收。

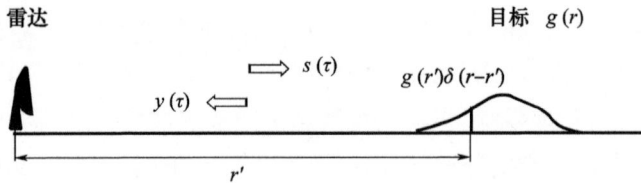

图 3.3　雷达一维数据采集几何关系

假设雷达发射信号为 $s(\tau)$,目标的电磁散射系数函数为 $g(r)$,接收到目标反射回来的回波信号记为 $y(\tau)$。为了便于说清楚回波信号形式,将目标函数表示为冲激函数加权和的形式,即 $g(r) = \int g(r')\delta(r - r')\mathrm{d}r'$。针对其中一个冲激函数分量 $g(r')\delta(r - r')$,即位于 r' 且散射系数为 $g(r')$ 的理想点,其雷达回波信号是发射信号的时间延迟,且幅度受到散射系数调制,可表示为

$$y(\tau) = g(r')s\left(\tau - \frac{2r'}{c}\right) \tag{3.10}$$

式中:c 为电磁波传播速度;$\tau' = 2r'/c$ 为目标相对于发射信号的时间延迟。这里忽略了信号在传播过程中的衰减(当目标位于远场且目标区相对较小时衰减系数为常数,因此忽略其影响并不影响最终结论)。

为了简化符号表示,强制令 $2/c = 1$,这样有 $\tau' = r'$,即时间延迟和目标距离完全对应,因此下面讨论中可以忽略时间变量和距离变量的区别。当需要真实的目标距离时,再在时间变量基础上乘以真实的 $c/2$,即 $r = c\tau/2$。

在这种简化条件下,式(3.10)所示回波信号可简化为

$$y(\tau) = g(r')s(\tau - r') \tag{3.11}$$

式(3.11)只是目标函数分解中单个冲激分量的回波信号,根据数据采集系统的线性时不变特性,整个目标的回波信号可以通过积分得到,即

$$y(\tau) = \int_{r'} g(r')s(\tau - r')\mathrm{d}r' \tag{3.12}$$

式(3.12)也可表示为

$$y(\tau) = g(\tau) \otimes s(\tau) \tag{3.13}$$

也就是说,雷达接收到的回波信号实际上是发射信号和目标函数的卷积结果。

从上面的分析中,可以看到雷达发射信号实际上扮演了一个运载工具的作用。它先从雷达到达目标,然后和目标相互作用(卷积),最后将目标信息带回雷达接收机。虽然发射信号本身不包含任何目标信息,但它的形式直接决定了雷达从回波中提取目标信息的能力。例如,发射信号的时间宽度决定了雷达对回波多普勒频率的分辨能力,发射信号的频率带宽决定了雷达对目标距离的分辨能力。这就好比用显微镜去观察目标,显微镜本身不含任何目标信息,但显微镜的放大能力直接决定了能够观察目标信息的多少。

现代雷达几乎都采用数字信号处理来实现目标信息提取。因此回波信号从雷达天线进入接收机后,通常还需要对信号进行离散采样。对连续信号的采样,核心的两个问题是采样窗和采样频率的设置。

采样窗选择的目标是要能完整地采样到波束照射范围内感兴趣区域的所有目标完整回波信号,同时又能避免不必要的额外采样。假设雷达发射信号的时间宽度是 T_p,感兴趣区域到雷达的最近点和最远点距离分别为 $r_{\min}$ 和 $r_{\max}$,则最近点回波的起始时刻为 $2r_{\min}/c - T_p/2$,最远点回波结束的时刻为 $2r_{\max}/c + T_p/2$。时域采样窗的范围可设置为 $\tau \in [2r_{\min}/c - T_p/2, 2r_{\max}/c + T_p/2]$,如图3.4所示。

采样窗设定后,另一个重要问题是以什么样的采样间隔来进行采样,即如何设置采样率的大小。采样率设置的原则是要满足奈奎斯特采样定理。尽管实际雷达辐射和接收的信号是实信号,但雷达一般采取正交双通道接收和采样,两通道信号组合后信号变为复信号,因此采样等效于对复信号采样。对于复信号采样,奈奎斯特采样定理要求采样率必须大于信号的带宽。

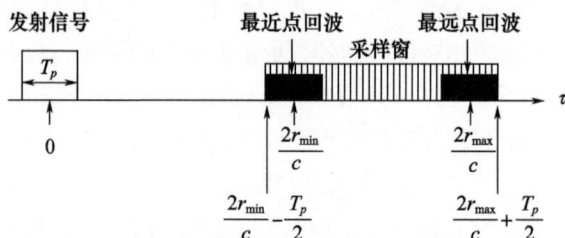

图 3.4　雷达数据采集采样窗设置

下面再来看雷达接收到的回波信号的带宽。从式(3.13)可以知道,雷达回波信号是发射信号和目标函数的卷积。根据傅里叶变换的卷积/相乘特性,可得到回波信号的频谱可表示为

$$Y(\omega) = G(\omega)S(\omega) \tag{3.14}$$

因此,回波信号的频谱由发射信号带宽和目标函数带宽来决定。假设发射信号带宽为 B_s,目标信号带宽为 B_g,则回波信号带宽 $B_y = \min\{B_s, B_g\}$。由于目标函数事先未知,因此不知道其带宽的大小。为此,采样率 f_s 通常选择大于发射信号带宽 B_s。由于按 $f_s \geq B_s$ 选择的 f_s 总能保证满足 $f_s \geq B_y = \min\{B_s, B_g\}$,因此按这种方式选择的采样率也总能保证满足奈奎斯特采样定理。实际工程中通常选择 $f_s \approx 1.1B_s - 1.2B_s$。

确定了采样窗和采样频率,用采样窗宽除以采样间隔就可以直接计算得到在采样窗内采样的点数,即

$$N = \left\lceil \left(\frac{2r_{\max}}{c} - \frac{2r_{\min}}{c} + T_p \right) f_s \right\rceil \tag{3.15}$$

式中:$\lceil x \rceil$ 为取大于 x 的最小整数。

因此采样时间变量可定义为

$$\tau_i = \frac{2r_{\min}}{c} - \frac{T_p}{2} + i\frac{1}{f_s}, i = 1, 2, \cdots, N \tag{3.16}$$

3.2.2　目标成像

1. 逆滤波

从式(3.13)可知,雷达接收到的目标回波信号实际上就是目标函数与发射信号的卷积结果。由于发射信号只起到了一个信息运载工具的作用,它本身不含任何目标信息,因此目标重构过程实际上就是从雷达回波信号中去除发射信号信息进而提取目标信息的过程。

为了从回波信号中提取目标函数,考虑到计算效率和成像鲁棒性,通常采取傅里叶重构的方法。为此,先对回波信号进行傅里叶变换,利用傅里叶变换的卷积/相乘特性,即时域的卷积对应频域的相乘,可以得到回波信号频谱为

$$Y(\omega) = G(\omega)S(\omega) \tag{3.17}$$

很明显,要重构目标频谱,只需要将回波信号频谱除以发射信号频谱即可实现,即

$$G(\omega) = Y(\omega) \cdot \frac{1}{S(\omega)} \tag{3.18}$$

有了目标函数频谱,再做一个逆傅里叶变换就可以得到目标函数为

$$g(\tau) = \mathcal{F}^{-1}\left[Y(\omega) \cdot \frac{1}{S(\omega)} \right] = y(\tau) \otimes \mathcal{F}^{-1}\left[\frac{1}{S(\omega)} \right] \tag{3.19}$$

也就是说,将回波信号通过一个系统传输函数为 $H_{\mathrm{inv}}(\omega) = 1/S(\omega)$ 的系统,如图 3.5 所示,即可重构目标。

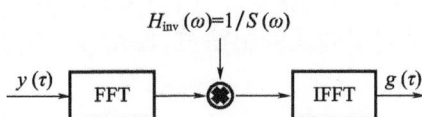

图 3.5   逆滤波处理流程

由于系统传输函数为发射信号频谱的倒数,是数据采集系统的逆过程,因此这一重构过程也称为逆滤波。

在无噪声干扰条件下,从目标无失真重构角度来看,逆滤波提供了理论上的最优解。然而,实际系统中不可避免存在噪声,因此实际雷达接收回波需建模为

$$y(\tau) = g(\tau) \otimes s(\tau) + n(\tau) \tag{3.20}$$

式中:$n(\tau)$ 为噪声,通常假设为高斯白噪声。

由式(3.20),可以得到实际回波信号频谱为

$$Y(\omega) = G(\omega)S(\omega) + N(\omega) \tag{3.21}$$

式中:$N(\omega)$ 为噪声频谱。

此时,如果仍然用逆滤波进行目标重构,重构的频谱变为

$$\hat{G}(\omega) = \frac{Y(\omega)}{S(\omega)} = G(\omega) + \frac{N(\omega)}{S(\omega)} \tag{3.22}$$

由于噪声项中需要除以 $S(\omega)$,因此在 $S(\omega)$ 趋向于零的地方,噪声将得到极大的放大,从而导致信噪比严重恶化,如图 3.6 所示。

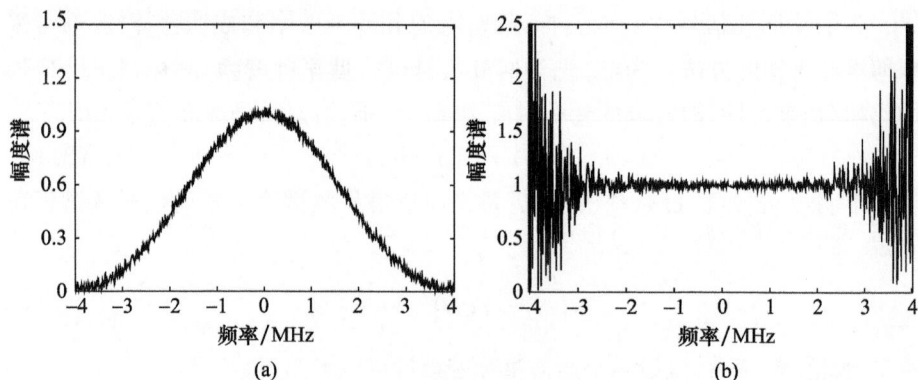

图 3.6　逆滤波噪声放大效应
（a）滤波前频谱；（b）滤波后频谱。

2. 匹配滤波

由于逆滤波对噪声的这种高度敏感性，因此实际工程中很少应用逆滤波来重构目标。而得到广泛应用的是匹配滤波，匹配滤波的频域实现处理流程如图 3.7 所示。

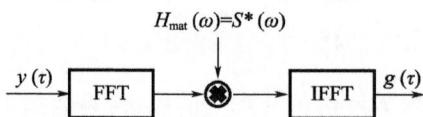

图 3.7　匹配滤波频域实现处理流程

与逆滤波的系统传输函数取发射信号频谱的倒数不同，匹配滤波的系统传输函数是发射信号频谱的共轭，即

$$H_{\mathrm{mat}}(\omega) = S^*(\omega) \tag{3.23}$$

如果将目标频谱表示为 $S(\omega) = A(\omega)\exp(\mathrm{j}\Phi(\omega))$，其中 $A(\omega)$ 为幅度谱，$\Phi(\omega)$ 为相位谱，则匹配滤波可表示为

$$H_{\mathrm{mat}}(\omega) = A(\omega)\exp(-\mathrm{j}\Phi(\omega)) \tag{3.24}$$

而逆滤波可表示为

$$H_{\mathrm{inv}}(\omega) = \frac{1}{A(\omega)}\exp(-\mathrm{j}\Phi(\omega)) \tag{3.25}$$

对比匹配滤波和逆滤波系统传输函数可以发现，两者具有相同的相位谱，但具有不同的幅度谱。

通过匹配滤波，重构得到的频谱为

$$\hat{G}(\omega) = Y(\omega)S^*(\omega) = G(\omega)|S(\omega)|^2 + N(\omega)S^*(\omega) \tag{3.26}$$

在逆滤波中，系统传输函数幅度谱是发射信号的幅度谱的倒数，好处是能够正确恢复出目标函数频谱 $G(\omega)$（见式(3.22)），因此具有很好的分辨率，但带来的后果是发射信号带宽外噪声有可能会被放大，从而导致信噪比恶化。而对于匹配滤波，从式(3.26)可以看到，虽然重构得到的目标谱不是精确的 $G(\omega)$，而是 $G(\omega)|S(\omega)|^2$，但在信号带宽范围内，幅度谱 $|S(\omega)|$ 通常变化缓慢，可以近似认为是一个常数，因此因子 $|S(\omega)|^2$ 通常对重构分辨率影响不大。而匹配滤波相对逆滤波的好处是它不仅不会放大带外噪声，反而能够有效抑制带外噪声，提高信噪比。根据式(3.26)，输出噪声谱为 $N(\omega)S^*(\omega)$，因此信号谱越弱的地方，噪声抑制也越厉害，正好与逆滤波相反。

由于匹配滤波以分辨率的少量损失为代价（实际上这种损失通常可忽略不计），带来了信噪比的极大改善（实际上匹配滤波器就是以最大化输出信噪比为最优准则的滤波器，具体推导可参考相关文献），因此在实际工程中得到了广泛应用。

匹配滤波算法实现的核心是如何计算得到系统传输函数 $H_{\text{mat}}(\omega) = S^*(\omega)$。要获得 $S^*(\omega)$ 通常有两种途径。一种途径是如果已知发射信号频谱的解析表达式，则可以根据公式直接计算得到 $S^*(\omega)$，如对于线性调频信号，只要知道其参数，可以直接计算得到其频谱共轭 $S^*(\omega) = \text{rect}\left(\dfrac{\omega}{2\pi B}\right) \cdot \exp(j\omega^2/4\pi k)$。另一种途径是如果发射信号频谱无解析表示或者无法获知其解析表示，但有发射信号的采样信号，则可以先对该采样信号进行傅里叶变换，再取共轭得到系统传输函数（或者先对采样信号进行共轭反转再做傅里叶变换）。假设接收信号采样点数为 L，发射信号采样点数为 M，由于滤波后非零点数为 $L+M-1$，因此在采用频域实现时，接收信号序列和发射信号序列在进行傅里叶变换前都需要补零到 $L+M-1$ 点。另外，在对发射信号进行傅里叶变换时，要特别注意时域零点的位置。对于傅里叶变换而言，时域零点的位置是第一个采样点，因此傅里叶变换前一定要将时域零点移到第一个采样点，否则成像结果会出现移位，不能定位到正确位置。

3.3　一维成像相关问题

3.3.1　点目标响应

匹配滤波系统是一个典型的线性时不变系统，因此要分析系统的重构性能,实际上只需要分析单个点目标在重构后的性能即可。在匹配滤波处理后,信噪比可以得到极大提高,通常都能满足实际需求。因此,对点目标分析时可忽略噪声的影响。

假设目标为一个理想的孤立点,设目标函数为 $g(\tau) = \delta(\tau - \tau_0)$(注意正如前面所述,这里 τ 和 r 具有一一对应关系),则雷达回波信号为

$$y(\tau) = \delta(\tau - \tau_0) \otimes s(\tau) = s(\tau - \tau_0) \tag{3.27}$$

下面对该回波信号进行匹配滤波处理,首先将信号变换到频率域,有

$$Y(\omega) = S(\omega) e^{-j\omega\tau_0} \tag{3.28}$$

再乘以匹配滤波器函数,有

$$\hat{G}(\omega) = Y(\omega) S^*(\omega) = |S(\omega)|^2 e^{-j\omega\tau_0} \tag{3.29}$$

最后,再通过逆傅里叶变换回到时域(距离域),有

$$\hat{g}(\tau) = \mathcal{F}^{-1}(|S(\omega)|^2 e^{-j\omega\tau_0}) \tag{3.30}$$

设 $\mathrm{psf}(\tau) = \mathcal{F}^{-1}[|S(\omega)|^2]$,则式(3.30)也可表示为

$$\hat{g}(\tau) = \mathrm{psf}(\tau - \tau_0) \tag{3.31}$$

即理想点目标 $g(\tau) = \delta(\tau - \tau_0)$,通过雷达系统重构后得到的响应是 $\hat{g}(\tau) = \mathrm{psf}(\tau - \tau_0)$。因此有

$$\mathrm{psf}(\tau) = \mathcal{F}^{-1}[|S(\omega)|^2] \tag{3.32}$$

式(3.32)也称为系统的点目标响应函数。

可以看到,点目标响应函数是发射信号幅度谱平方的逆傅里叶变换,因此其形状完全取决于发射信号的幅度谱,而与其相位谱无关。由于实际发射信号都具有有限的带宽,同时一般信号频谱在带宽范围内具有缓慢变换的幅度谱,因此,点目标响应通常具有类似图3.8所示的形状。

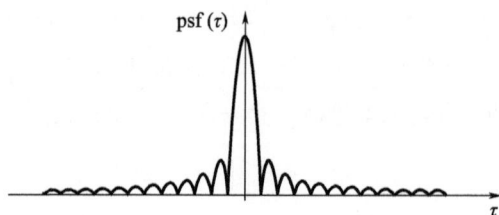

图 3.8　点目标响应函数

也就是说,即使目标是一个理想的冲激函数,但通过系统重构后得到的图像却不再是一个冲激函数,而近似是一个 sinc 函数的形式。如图3.9所示,相比于目标本身(冲激函数),一方面目标的图像(sinc 函数)变"胖"了,从而可能

导致相邻目标无法分辨;另一方面,图像中还出现了不希望的旁瓣,这些高的旁瓣可能会给强目标附近弱目标的检测带来困难。

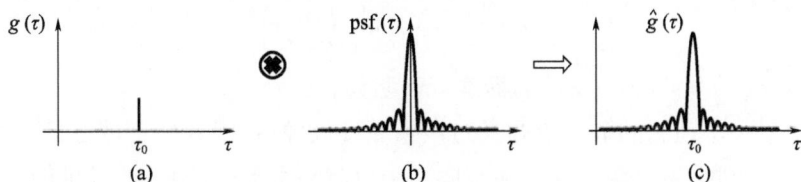

图 3.9 理想点目标及其重构图像

知道了点目标响应函数,即系统对冲激函数 $\delta(t)$ 的响应 $\mathrm{psf}(\tau)$,则对任意的目标函数 $g(t) = g(t) \otimes \delta(t) = \int_{-\infty}^{+\infty} g(\tau)\delta(t-\tau)\mathrm{d}\tau$,系统重构后的输出可根据系统的线性时不变特性得到,即

$$\hat{g}(t) = \int_{-\infty}^{+\infty} g(\tau)\mathrm{psf}(t-\tau)\mathrm{d}\tau = g(t) \otimes \mathrm{psf}(t) \qquad (3.33)$$

通过系统重构得到的目标图像,并不是目标本身,而是目标函数与系统点目标响应的卷积。

3.3.2 理论分辨率

对于雷达中实际使用的信号,其幅度谱一般在带宽范围内变换缓慢,而在带宽外可近似忽略不计,因此幅度谱一般可近似为矩形窗函数,如图 3.10 所示。

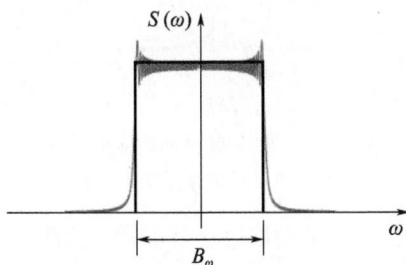

图 3.10 发射信号频谱近似

假设信号带宽为 B_ω(角频率带宽,对应频率带宽 $B_f = B_\omega/2\pi$),因此信号幅度谱平方可近似表示为

$$|S(\omega)|^2 = A \cdot \mathrm{rect}\left(\frac{\omega}{B_\omega}\right) \qquad (3.34)$$

式中:rect(·)为宽度为 1 的矩形窗函数。

将式(3.34)代入式(3.32),系统的点目标响应函数可近似为

$$\mathrm{psf}(\tau) = A \cdot \mathrm{sinc}\left(\frac{1}{2\pi}B_\omega\tau\right) \tag{3.35}$$

式中:$\mathrm{sinc}(u) = \sin\pi u/(\pi u)$ 为标准 sinc 函数。

由于一个理想的孤立点在通过成像系统成像后,得到的不再是目标本身,而是一个变胖了的"像",因此当空间两个点相距很近时,两者的像可能部分重叠在一起而无法区分。只有当两点的间隔大于点目标主瓣宽度时,才能从重构图像中有效区分两个点目标,如图 3.11 所示。因此,成像系统对目标的空间分辨能力取决于点目标响应的主瓣宽度,主瓣宽度越窄,分辨能力越好。

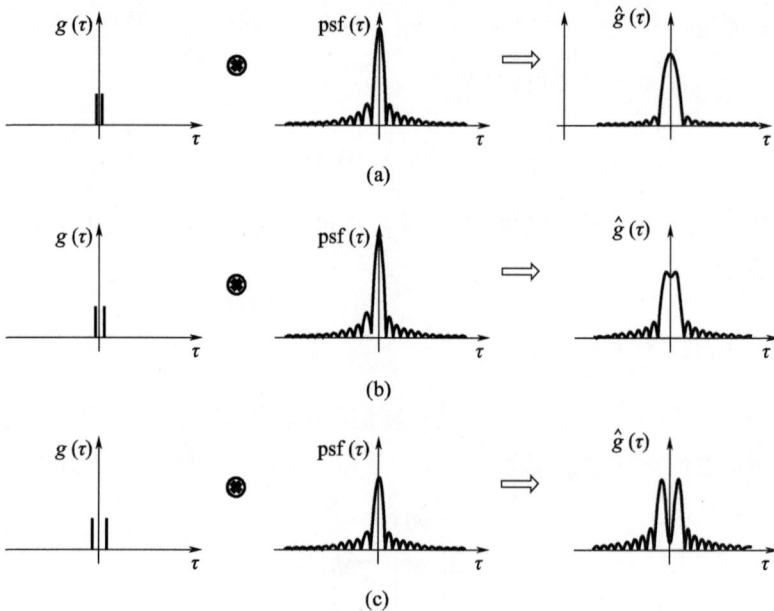

图 3.11　两个点目标响应的分辨
(a)不能分辨;(b)临界分辨;(c)能分辨。

那么,点目标响应的主瓣宽度取决于什么因素呢?

为了分析点目标响应的分辨率和旁瓣特性,通常也对点目标响应幅度取对数,如图 3.12 所示。

对于标准的 sinc 函数,由式(3.35)容易得到主瓣的零零点宽度等于带宽倒数的两倍,即 $2/B_f$(对于角频率带宽,需乘以因子 2π,因此是 $4\pi/B_\omega$)。在雷达中,更常用的衡量主瓣宽度的指标是 3dB 宽度,即在主瓣内从主瓣最大值下降 3dB 时对应的宽度,如图 3.12 所示。这一宽度近似等于零零点宽度的一半,即

约等于 $1/B_f$，因此匹配滤波后时域分辨率约等于 $1/B_f$。若将其转化成对应的距离分辨率需乘以因子 $c/2$，因此得到距离分辨率为

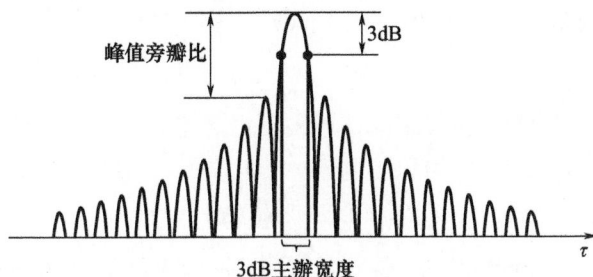

图 3.12 点目标响应及其性能指标

$$\rho_r = \frac{c}{2B_f} \tag{3.36}$$

这说明通过脉冲压缩处理后，雷达距离向的分辨率完全取决于发射信号的带宽，信号带宽越大，成像分辨率越高。举例来说，假设发射信号带宽 B_f 为 150MHz，则根据式(3.36)可知系统距离成像分辨率为 1m。如果希望将距离分辨率提高到 0.1m，只要将发射信号带宽提高到 1.5GHz 即可实现。

对比脉冲压缩前的分辨率($\rho_r = cT_p/2$)，脉冲压缩后分辨率改善比为 T_pB_f，即发射信号的时间带宽积，因此发射信号的时间带宽积越大，通过脉冲压缩处理后分辨率的改善越明显。

3.3.3 距离分辨率的另一种解释

对于距离分辨率与信号带宽的关系，还可以从信号空间中区分两个信号能力的角度来给出另一种解释。假设发射信号为 $s(\tau)$，空间有两个距离不同的点目标，到雷达的距离分别为 r_1 和 r_2，对应的时间延迟分别为 τ_1 和 τ_2，忽略幅度效应，则两个目标的回波信号分别为 $s(\tau-\tau_1)$ 和 $s(\tau-\tau_2)$。雷达对两个目标的分辨，实际上是通过对这两个信号的分辨实现的。对这两个信号的分辨能力，一方面取决于两个信号之间的时间延迟差，延迟差越大，两个信号越好分辨，另一方面，对这两个信号的分辨能力，还跟发射信号的形式有关。那么分辨能力到底取决于发射信号的什么参数呢？

在第 2 章中，介绍了从空间的角度来理解信号的观点。那么现在有两个信号(为简化分析假设为实信号)，就代表了空间中的两个点。如何来衡量空间中两个点的区分度呢？很直观就能想到，可以用两个点之间的距离来衡量。类似

于欧氏空间中两个点的距离定义,也可以定义信号空间中两个点之间的距离或者距离的平方,即

$$d^2 = \int \left[s(\tau - \tau_1) - s(\tau - \tau_2) \right]^2 d\tau = \int \left[s(\tau) - s(\tau - \Delta\tau) \right]^2 d\tau$$

(3.37)

式中:$\Delta\tau = \tau_2 - \tau_1$ 为两个信号之间的时间延迟之差。

将式(3.37)稍做展开,可以得到

$$d^2 = 2E - 2R(\Delta\tau)$$

(3.38)

式中:E 为发射信号的能量;$R(\Delta\tau) = \int s(\tau)s(\tau - \Delta\tau)d\tau$ 为发射信号的自相关函数在 $\Delta\tau$ 点的值。根据式(3.38),在时间延迟差 $\Delta\tau$ 一定的情况下,两个信号之间的距离完全取决于自相关函数在 $\Delta\tau$ 的值,自相关值越小,两个信号之间的距离越大。

根据信号理论,信号的自相关函数是信号傅里叶变换的幅度谱平方的逆傅里叶变换,假设发射信号具有理想的带通特性,即在带宽范围内幅度谱为常数,在带宽范围外为零,则信号的自相关函数为标准的 sinc 函数,sinc 函数的主瓣宽度是信号带宽的倒数。那么信号带宽越宽,自相关函数越窄,在固定延迟处的值就越小,根据式(3.38)两个信号之间的距离就越大,从而越容易分辨。

3.3.4　加窗与旁瓣抑制

相比于目标本身,基于匹配滤波的成像结果除了变"胖"了外,还不可避免地存在旁瓣。旁瓣的存在使得要检测强目标附近的弱目标变得困难,如图 3.13 所示。因为强点的旁瓣可能比弱点的主瓣还要强,从而导致弱点淹没在强点的旁瓣中。

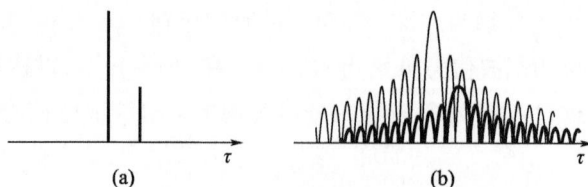

图 3.13　强点旁瓣对弱目标的掩盖效应

(a)两个相邻点目标;(b)成像结果。

衡量点目标响应的旁瓣特性的指标主要有峰值旁瓣比和积分旁瓣比。峰值旁瓣比定义为主瓣中最大值与旁瓣中最大值的比值,积分旁瓣比定义为主瓣

能量与所有旁瓣能量的比值。两者通常都用分贝表示。对于前述 sinc 函数,其峰值旁瓣比约为 13.2dB。而雷达实际应用中通常需要峰值旁瓣比达到 40dB 以上。为此,希望能够通过信号处理的方式来降低点目标响应的旁瓣水平。

要想实现旁瓣的抑制,首先需要知道旁瓣产生的根源。根据前面的分析已经知道,点目标响应是雷达发射信号幅度谱平方的逆傅里叶变换,如图 3.14 所示。点目标响应的主瓣对应于幅度谱平方中的低频分量(缓慢变化),而旁瓣则对应于幅度谱平方中的高频分量(急剧变化)。因此要抑制旁瓣就要尽量降低幅度谱平方中的高频分量。从图 3.14 中可以看到,幅度谱平方中的急剧变化主要是矩形窗的上升沿和下降沿。因此要降低点目标响应的旁瓣,就必须要减小幅度谱中的这种急剧变化。

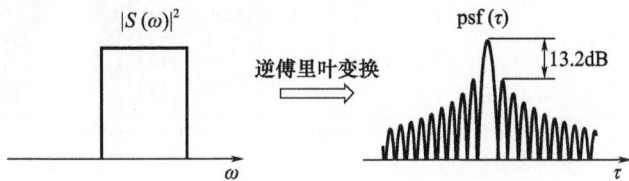

图 3.14　信号幅度谱和点目标响应的关系

一种可行的方法是使幅度谱上升沿缓慢上升,而下降沿缓慢下降。这可通过对幅度谱乘以一个平滑的窗函数实现,如图 3.15 所示。通过加窗后,幅度谱边缘的急剧变化被消减,再对其做逆傅里叶变换得到点目标的响应,如图 3.16 所示,可以看到旁瓣被明显压低。

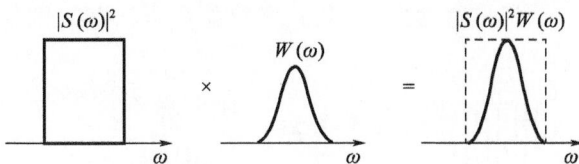

图 3.15　频谱加窗效应

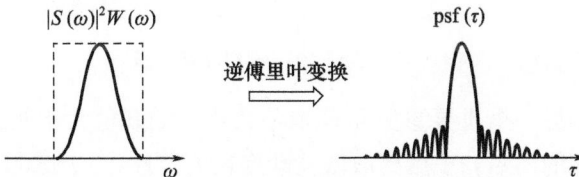

图 3.16　加窗对旁瓣的抑制作用

选择使用不同的窗函数,可以得到不同的旁瓣抑制效果。目前常用的窗函数主要有汉宁窗、海明窗、泰勒窗和切比雪夫窗等。图 3.17 给出了几种不同窗函数形式及其对应的点目标响应。需要说明的是,加窗虽然能够有效抑制点目标响应的旁瓣效应,但也会带来一定的分辨率损失(主瓣会有一定的展宽),而且通常旁瓣抑制越厉害,分辨率损失也越大。

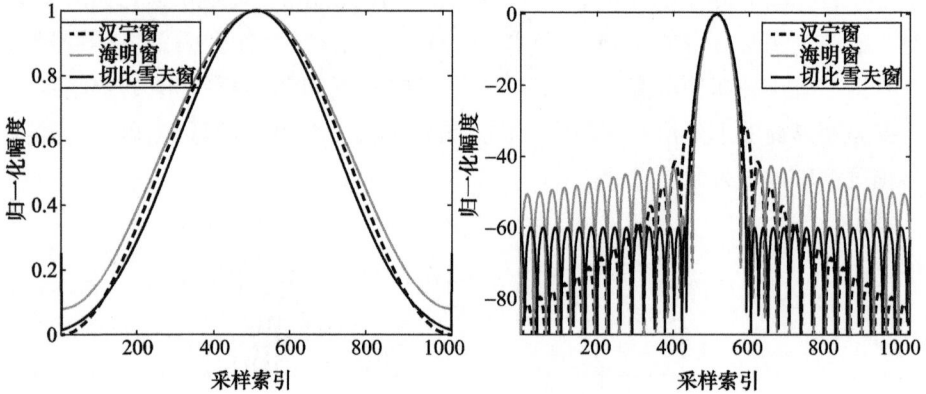

图 3.17 不同窗函数的旁瓣抑制效应

3.3.5 像素与分辨率的区别

从前面的分析中,已经知道成像的分辨率取决于信号的带宽,即信号在频域的支撑区宽度。具体而言,分辨率(这里定义为主瓣 3dB 宽度)是带宽的倒数,如图 3.18 所示,假设频谱宽度为 B_f(角频率带宽 $B_\omega = 2\pi B_f$),则分辨率为 $1/B_f$。

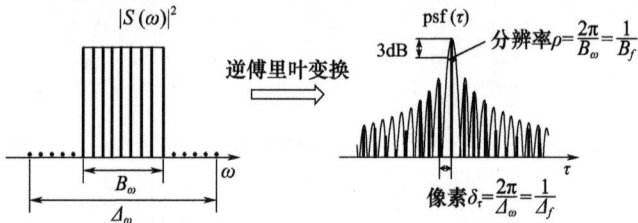

图 3.18 图像分辨率和像素关系

输出图像的另一个重要参数是像素值大小。像素值大小指的是图像相邻两个采样点之间的间隔。根据离散傅里叶变换的特性,一个域的采样间隔等于另一个域的主值区间宽度的倒数。假设频域的主值区间宽度为 Δ_f(对应角频率 $\Delta_\omega = 2\pi\Delta_f$),则时域的采样间隔(像素)为 $1/\Delta_f$,如图 3.18 所示。在匹配滤波中,频谱由回波采样信号通过离散傅里叶变换得到,因此频域主值区间大小等于回波域的采样频率,即 $\Delta_f = f_s$。因此,在通过逆傅里叶变换重构目标图像过程中,如果频域不补零,则输出图像的像素间隔为 $1/f_s$。

上述分辨率和像素都是在时域来讨论,如果需要在距离域来计算分辨率和像素,则需要乘以因子 $c/2$。因此,距离分辨率是 $c/(2B_f)$,而距离向像素大小为 $c/(2f_s)$。

3.3.6　发射信号的选择

从前面的分析中已经知道,雷达探测目标的距离分辨率取决于发射信号的带宽,带宽越宽,分辨率越高。因此从提高雷达距离分辨率考虑,需要发射信号是宽带信号。对于雷达,除了分辨率指标外,实际还有一个更重要的指标是探测距离。根据雷达作用距离方程,雷达发射信号的能量越大,雷达作用距离越大。在雷达发射峰值功率受限条件下,提高发射信号能量的唯一途径就是增加信号的辐射时间,即增加发射信号的时间宽度。也就是说,为了获得远的作用距离,需要雷达发射信号具有大的时宽。因此,为了同时获得远的作用距离和高的距离分辨率,要求雷达发射信号既要具有大时宽,也要有大的带宽。那么,什么样的信号既具有大的时宽又具有大的带宽呢?

首先,来看简单的矩形脉冲信号,如图 3.19 所示,假设信号的时宽为 T,则其带宽(3dB 主瓣宽度)$B_f = 1/T$。因此,对于简单的矩形脉冲信号,其带宽是时宽的倒数。时宽越大,带宽越小,而带宽越大时,时宽又越小。当然,实际的雷达信号需要调制到一个高的载频,对于矩形脉冲,即使调制到载频上,其时宽和带宽并不改变(只是频谱搬移,频谱宽度不变)。因此对于这种时间带宽积等于 1 的信号,分辨率和作用距离存在不可调和的矛盾。

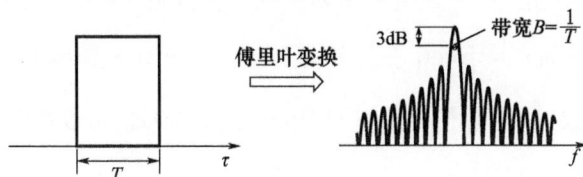

图 3.19　矩形脉冲信号的时宽和带宽

矩形脉冲之所以其带宽是时宽的倒数,是因为其不含相位调制,因此带宽完全由信号幅度决定。为了突破这一限制,可以对信号增加非线性相位调制(线性相位调制只是将频谱平移,不会增加带宽),使信号带宽主要由相位来决定。由于二次相位调制(对应瞬时频率随时间线性变化)硬件实现起来最简单,因此线性调频信号得到了最广泛的应用。线性调频信号的时域表达式为

$$s(\tau) = \text{rect}\left(\frac{\tau}{T}\right) \cdot \exp(j\pi k\tau^2) \tag{3.39}$$

式中:T 为信号的时宽;k 为调频斜率。

该信号的瞬时频率为

$$f = \frac{1}{2\pi}\frac{d\phi}{d\tau} = k\tau \tag{3.40}$$

信号的瞬时频率随时间线性变化,这也是信号称为线性调频信号的原因。根据这种时频关系,如图 3.20 所示,很容易得到信号的带宽(频率范围)为

$$B_f = kT \tag{3.41}$$

从式(3.41)中可以看到,带宽与时宽不再是反比关系,而是正比关系,即时宽越宽,带宽反而越大。因此对于线性调频信号,时宽和带宽都可以很大,从而可以同时满足作用距离和分辨率的要求。

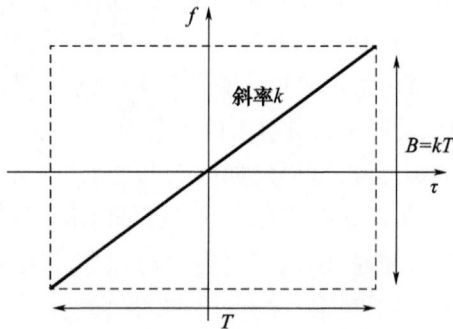

图 3.20　线性调频信号的时频关系

对于线性调频信号,其频谱可由傅里叶变换得到,即

$$S(\omega) = \int_{\tau} \text{rect}\left(\frac{\tau}{T}\right) \cdot \exp(j\pi k\tau^2) \cdot \exp(-j\omega\tau)\,d\tau \tag{3.42}$$

该积分表达式无法得到解析表示,但利用驻留相位原理,可以得到其近似结果为

$$S(\omega) = \text{rect}\left(\frac{\omega}{2\pi kT}\right) \cdot \exp\left(-j\frac{\omega^2}{4\pi k}\right) \tag{3.43}$$

3.3.7　去调频处理

如果发射信号是线性调频信号,除了可以采用匹配滤波重构外,还可以采用去调频(Dechirp)处理方式重构目标。

假设发射信号为 $s(\tau) = \text{rect}\left(\dfrac{\tau}{T}\right) \cdot \exp(\mathrm{j}\pi k\tau^2)$，目标函数为 $g(\tau)$，则雷达接收信号可表示为

$$y(\tau) = g(\tau) \otimes s(\tau) = \int g(t)\exp\left[\mathrm{j}\pi k\,(\tau - t)^2\right]\mathrm{d}t \qquad (3.44)$$

从第 2 章信号空间坐标表示的观点，式(3.44)也可以解释为 $y(\tau)$ 在不同延迟 chirp 信号基 $\exp\left[\mathrm{j}\pi k\,(\tau-t)^2\right]$ 下的坐标表示，其中 $g(t)$ 为 $y(\tau)$ 在 chirp 基下的坐标。因此重构目标 $g(t)$ 过程也可以解释为在 chirp 基下坐标计算的过程。这一个过程实际对应了以 k 为阶数参量的分数阶傅里叶变换过程。下面给出详细推导过程。

将线性调频信号相位展开，式(3.44)也可表示为

$$y(\tau) = \exp(\mathrm{j}\pi k\tau^2) \cdot \int_t g(t)\exp(\mathrm{j}\pi kt^2)\exp(-\mathrm{j}2\pi k\tau t)\mathrm{d}t \qquad (3.45)$$

式(3.45)中，令 $g'(t) = g(t) \cdot \exp(\mathrm{j}\pi kt^2)$，$f = k\tau$，式(3.45)等价为

$$y(\tau)\exp(-\mathrm{j}\pi k\tau^2) = \int_t g'(t)\exp(-\mathrm{j}2\pi ft)\mathrm{d}t \qquad (3.46)$$

注意到式(3.46)右边实际上是一个傅里叶变换，即对 $g'(t)$ 做傅里叶变换等于 $y(\tau)\exp(-\mathrm{j}\pi k\tau^2)$。那么，利用傅里叶变换的可逆性，对 $y(\tau)\exp(-\mathrm{j}\pi k\tau^2)$ 做逆傅里叶变换，就可以得到 $g'(t)$，进而重构得到 $g(t)$，即

$$g(t) = \exp(-\mathrm{j}\pi kt^2) \cdot \int_f y(\tau)\exp(-\mathrm{j}\pi k\tau^2)\exp(\mathrm{j}2\pi ft)\mathrm{d}f \qquad (3.47)$$

由于 $f = k\tau$，因此式(3.47)也可以表示为

$$g(t) = k\exp(-\mathrm{j}\pi kt^2) \cdot \int_\tau y(\tau)\exp(-\mathrm{j}\pi k\tau^2)\exp(\mathrm{j}2\pi kt\tau)\mathrm{d}\tau \qquad (3.48)$$

此式也是求解 $y(\tau)$ 的分数阶傅里叶变换公式。

因此得到目标的重构过程包含三个主要步骤：①对接收信号 $y(\tau)$ 乘以与发射信号相位共轭的相位因子 $\exp(-\mathrm{j}\pi k\tau^2)$；②做一个逆傅里叶变换；③再乘以因子 $k\exp(-\mathrm{j}\pi kt^2)$，可实现成像，如图 3.21 所示。如果只关心重构目标的幅度，且忽略常数幅度影响，则第三步可以省略不做。由于第一步是去掉回波信号中的 chirp 信号项，因此这一处理过程也常称为去调频处理。

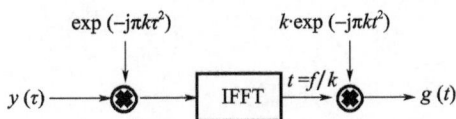

图 3.21　完整 Dechirp 压缩处理流程图

3.3.8 去调频处理与匹配滤波的等价性

尽管匹配滤波的频域实现处理看起来跟 Dechirp 完全不同,但对于发射信号是线性调频信号而言,两者本质上是一样的,它们是同一滤波器的两种不同实现方式。大家知道,匹配滤波处理本质上是将接收回波信号与发射信号做相关处理,或者说将接收信号跟发射信号的共轭反转信号做卷积,即

$$g(\tau) = y(\tau) \otimes s^*(-\tau) \tag{3.49}$$

当利用傅里叶变换的性质在频域来实现时,其处理流程如图 3.7 所示,即先将回波信号变换到频域,再乘以发射信号频谱的共轭,最后再逆傅里叶变换回到时域。

当发射信号为线性调频信号 $s(\tau) = \exp[j\pi k\tau^2]$ 时,式(3.49)也可以表示为

$$g(\tau) = \int_t y(t) \exp[-j\pi k(t-\tau)^2] dt \tag{3.50}$$

将其展开,有

$$g(\tau) = \exp(-j\pi k\tau^2) \int_t y(t) \cdot \exp(-j\pi kt^2) \cdot \exp(j2\pi k\tau t) dt \tag{3.51}$$

上述处理也可通过以下三步来实现。首先,将回波信号乘以发射信号的共轭,有

$$\bar{y}(t) = y(t) \cdot \exp(-j\pi kt^2) \tag{3.52}$$

然后,将 $\bar{y}(t)$ 与 $\exp(j2\pi kt\tau)$ 做内积,即

$$\int_t \bar{y}(t) \cdot \exp(j2\pi kt\tau) dt \tag{3.53}$$

实际实现时,式(3.53)可以利用傅里叶变换完成,即对 $\bar{y}(t)$ 做逆傅里叶变换,有

$$\int_t \bar{y}(t) \cdot \exp(j2\pi ft) dt \tag{3.54}$$

对逆傅里叶变换的结果,令 $\tau = f/k$,即可以得到跟式(3.53)一样的结果。最后,将结果乘以 $\exp(-j\pi k\tau^2)$,即可以得到最终滤波结果。由于在傅里叶变换实现中有 $\tau = f/k$,因此实际可以对逆傅里叶变换结果乘以以下函数完成,即

$$\exp(-j\pi k\tau^2) = \exp\left(-j\pi \frac{f^2}{k}\right) \tag{3.55}$$

上述处理过程也是完整 Dechirp 处理的过程。

因此,从上述分析过程可以看到,对于线性调频信号而言,完整的 Dechirp

处理过程(包括最后一步去 RVP 过程)和匹配滤波的频域实现实际上是同一滤波器的两种不同实现方式。本质上,两者的最终处理结果是完全相同的,但考虑到实际实现时信号是离散的,因此两者最终结果的唯一的区别是采样间隔不同。假设回波信号的采样频率是 f_s ,同时在傅里叶变换过程中不存在补零操作(假设傅里叶变换点数为 N),则频域匹配滤波处理后输出信号的采样间隔仍然是 $1/f_s$,而 Dechirp 处理后输出信号的采样间隔是 $f_s/(kN)$ 。

第4章 雷达两维成像

要实现对目标的两维高分辨率成像,就是要得到目标某种特性的两维空间分布。例如,雷达成像就是要获得目标不同部分对入射电磁波的散射回波强度的分布,而 CT 成像就是要获得大脑内部不同组织细胞对 X 射线衰减强度的分布。不失一般性,假设目标特性分布用两维空域函数 $g(x,y)$ 来表示。

要利用传感器测量重构两维空域函数 $g(x,y)$,一种最直接的方法当然是直接去测量每一个空间位置 (x,y) 处的函数值 $g(x,y)$。对于雷达而言,如果不考虑其实际实现的可能性,假设雷达波束可以设计得很细,类似于激光波束,使其照射到目标上时波束足印只是一个很小的分辨单元。那么只要移动波束,使波束足印在目标上连续扫描,并依次测量波束照射部分目标的反射系数,就可以直接获得目标的高分辨率图像,如图 4.1 所示。

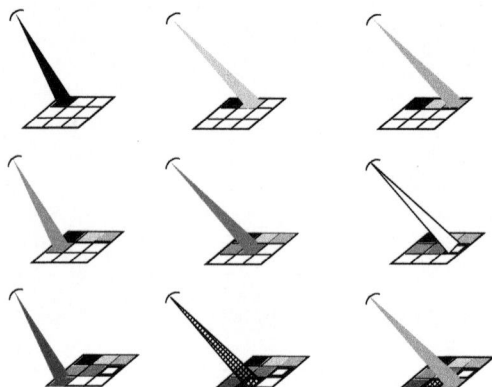

图 4.1　两维逐点扫描成像

然而,很多实际观察系统往往无法直接对单个小的分辨单元进行测量。例如,实际雷达波束(波束宽度公式)不可能做得这么细,医学上也没有仪器能够直接钻到大脑内部去逐点测量。通常能够直接测量得到的往往可能是目标函数沿着某些方向的投影积分。又如实际雷达的测量,由于波束宽度较宽,因此实际每次测量是波束范围内位于相同距离门内所有散射回波信号的叠加。对于医学 CT 成像,每次测量得到的是 X 射线传播路径上所有组织细胞对 X 射线衰减效应的累加效果。仅仅根据单次测量的累加值,无法重构积分路径上每一个点的贡献值。但是,如果从足够多的角度测量,得到目标特性在不同角度的投影,就有可能通过数学解算重构出每一个点的贡献,从而实现对目标的两维高分辨率成像。因此,成像的过程实际上就是根据这些投影叠加测量值来恢复目标特性两维分布函数的过程。

根据数学上的中心切片投影定理,目标空域函数在任意一个角度方向的一维投影,与目标函数两维频谱的一个切片存在傅里叶变换关系。因此,测量得到目标函数在某个方向的一维投影,可以等效于目标函数两维频谱在相同方向的一个切片。多个不同角度的测量就意味着获得了两维频谱在不同角度的切片。因此,后续成像处理的过程也可以理解为根据目标函数两维频谱来重构目标的过程,实际上就是一个傅里叶重构过程。

本章首先介绍两维傅里叶重构的基本知识,然后建立起雷达两维回波信号与目标函数两维频谱的解析关系,最后从傅里叶重构角度阐述雷达成像原理以及相关问题。

4.1 两维傅里叶重构基础

4.1.1 两维傅里叶变换

设有两维空域函数 $g(x,y)$,其对应的两维频谱表示为 $G(k_x,k_y)$,它们之间存在傅里叶变换关系,即

$$G(k_x,k_y) = \int_{-\infty}^{+\infty}\int_{-\infty}^{+\infty} g(x,y)\exp\left[-\mathrm{j}(k_x x + k_y y)\right]\mathrm{d}x\mathrm{d}y \tag{4.1}$$

$$g(x,y) = \int_{-\infty}^{+\infty}\int_{-\infty}^{+\infty} G(k_x,k_y)\exp\left[\mathrm{j}(k_x x + k_y y)\right]\mathrm{d}k_x\mathrm{d}k_y \tag{4.2}$$

式(4.1)称为傅里叶变换,式(4.2)称为逆傅里叶变换。同一维情况类似,为了符号简化,这里省略掉了逆傅里叶变换中的常数因子。

下面给出一些典型两维函数及其傅里叶变换。

(1)常数函数可表示为

$$g(x,y) = 1 \tag{4.3}$$

其傅里叶变换为

$$G(k_x,k_y) = \delta(k_x,k_y) = \delta(k_x) \cdot \delta(k_y) \tag{4.4}$$

（2）两维矩形窗函数可表示为

$$g(x,y) = \begin{cases} 1, |x| < \Delta X/2 \text{ 且} |y| < \Delta Y/2 \\ 0, \text{其他} \end{cases} \tag{4.5}$$

其傅里叶变换为

$$G(k_x, k_y) = \text{sinc}\left(\frac{\Delta X}{2\pi}k_x\right) \cdot \text{sinc}\left(\frac{\Delta Y}{2\pi}k_y\right) \tag{4.6}$$

（3）两维冲激函数可表示为

$$g(x,y) = \delta(x - x_0, y - y_0) = \delta(x - x_0) \cdot \delta(y - y_0) \tag{4.7}$$

其傅里叶变换为

$$G(k_x, k_y) = \exp[-j(k_x x_0 + k_y y_0)] \tag{4.8}$$

（4）两维单频振荡函数可表示为

$$g(x,y) = \exp\{j(k_{x0}x + k_{y0}y)\} \tag{4.9}$$

式中：k_{x0} 和 k_{y0} 分别为 x 和 y 方向的振荡频率。该函数的傅里叶变换为

$$G(k_x, k_y) = \delta(k_x - k_{x0}) \cdot \delta(k_y - k_{y0}) \tag{4.10}$$

（5）矩形支撑区单频振荡函数可表示为

$$g(x,y) = \text{rect}\left(\frac{x}{\Delta X}, \frac{y}{\Delta Y}\right) \cdot \exp\{j(k_{x0}x + k_{y0}y)\} \tag{4.11}$$

$$\text{rect}\left(\frac{x}{\Delta X}, \frac{y}{\Delta Y}\right) = \begin{cases} 1, |x| \leqslant \Delta X/2 \text{ 且} |y| \leqslant \Delta Y/2 \\ 0, \text{其他} \end{cases} \tag{4.12}$$

式(4.12)为矩形观察窗，ΔX 和 ΔY 分别表示在 x 和 y 方向上的观察范围。该有限观察范围的单频信号的频谱可表示为

$$G(k_x, k_y) = \text{sinc}\left(\frac{\Delta X}{2\pi}(k_x - k_{x0})\right) \cdot \text{sinc}\left(\frac{\Delta Y}{2\pi}(k_y - k_{y0})\right) \tag{4.13}$$

利用傅里叶变换的对偶性，如果频谱是有限观察频带上的振荡信号，即观察到的频谱为

$$G(k_x, k_y) = \text{rect}\left(\frac{k_x}{\Delta k_x}, \frac{k_y}{\Delta k_y}\right) \cdot \exp\{j(x_0 k_x + y_0 k_y)\} \tag{4.14}$$

则其对应的空域函数为

$$g(x,y) = \text{sinc}\left(\frac{\Delta k_x}{2\pi}(x - x_0)\right) \cdot \text{sinc}\left(\frac{\Delta k_y}{2\pi}(y - y_0)\right) \tag{4.15}$$

4.1.2 两维傅里叶重构

对目标进行两维成像，目的是要得到目标某种特性的空域分布函数 $g(x,y)$

或者它的某种近似。在很多实际情况下,往往无法直接测量得到该目标函数本身,但是可以观察获得目标函数的频谱。那么,根据前述傅里叶变换理论,可以通过逆傅里叶变换将频谱转换成目标函数,从而实现对目标的重构成像。

　　然而,实际情况中能否精确地得到完整的信号频谱呢? 根据信号理论,对于空域支撑区有限的信号,其频谱支撑区是无限的。因此要精确重构目标,必须得到整个两维频域范围内($k_x \in (-\infty, +\infty)$, $k_y \in (-\infty, +\infty)$)的目标频谱。显然,这是不现实的。对于任何实际的观察设备,受物理限制(对于合成孔径雷达,系统带宽、天线孔径都受到限制,不可能无限扩展),它们都只能观察到有限支撑区范围内的一部分频谱。假设观察的频谱支撑区用窗函数 $\Pi(k_x, k_y)$ 表示,则实际观察到的频谱可以表示为

$$\widehat{G}(k_x, k_y) = G(k_x, k_y) \cdot \Pi(k_x, k_y) \tag{4.16}$$

为了重构目标,对实际观察到的频谱 $\widehat{G}(k_x, k_y)$ 做逆傅里叶变换,根据傅里叶变换的相乘/卷积特性,可以得到实际重构得到的目标函数为

$$\widehat{g}(x, y) = g(x, y) \otimes \mathrm{psf}(x, y) \tag{4.17}$$

式中:$\mathrm{psf}(x, y)$ 为窗函数 $\Pi(k_x, k_y)$ 的逆傅里叶变换函数,称为成像系统的点目标响应函数。为什么称为点目标响应函数呢? 如果目标是一个理想的点($g(x, y) = \delta(x, y)$),则通过该系统输出的图像即为 $\mathrm{psf}(x, y)$。因此,通过成像系统得到的目标图像并不是目标函数本身,而是目标函数和一个两维点目标响应函数的卷积结果。

4.1.3　有限频域支撑区与重构分辨率

　　根据式(4.17),受系统频域带宽限制,通过成像系统得到的目标图像并不是真实的目标函数,而是真实目标函数与系统点目标响应函数的卷积结果。因此,点目标响应函数的特性就决定了成像系统的性能。

　　对于一个理想的点目标(两维冲激函数),通过观察系统成像后,变成了一个由系统点目标响应函数决定的图像。假设成像系统观察得到的频谱范围为一矩形窗区域,如图4.2所示,在 k_x 方向的观察宽度为 Δk_x,在 k_y 方向的观察宽度为 Δk_y,式(4.16)中窗函数可以表示为

$$\Pi(k_x, k_y) = \mathrm{rect}\left(\frac{k_x}{\Delta k_x}, \frac{k_y}{\Delta k_y}\right) \tag{4.18}$$

　　因为点目标响应函数为观察窗函数的逆傅里叶变换,因此可以得到系统的点目标响应函数为

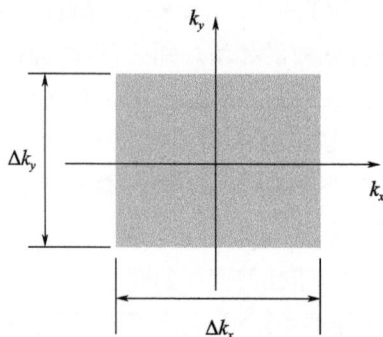

图 4.2　实际系统观察频谱支撑区范围

$$\mathrm{psf}(x,y) = \mathrm{sinc}\left(\frac{\Delta k_x}{2\pi}x\right) \cdot \mathrm{sinc}\left(\frac{\Delta k_y}{2\pi}y\right) \qquad (4.19)$$

即一个理想的点目标(两维冲激函数),通过成像系统得到的图像变成了一个扩散的有宽度的点。那么当有两个点目标相距很近时,成像结果中两个扩散的目标图像会互相影响,从而可能导致无法区分两个目标。定义能够区分两个目标图像的最小空间间距为图像的空间分辨率。图像的空间分辨率主要由点目标响应函数的主瓣宽度决定,点目标响应函数的主瓣越窄,空间分辨率越高。由于点目标响应函数与频谱的观察窗函数成傅里叶变换关系,因此点目标响应函数的主瓣宽度与频域观察窗函数的宽度成反比,即观察窗宽越大,分辨率越高。对于 sinc 函数型的点目标响应,两个方向的分辨率可分别表示为

$$\begin{cases} \rho_x = \dfrac{2\pi}{\Delta k_x} \\[3mm] \rho_y = \dfrac{2\pi}{\Delta k_y} \end{cases} \qquad (4.20)$$

因此,图像在 X 方向的分辨率取决于 X 方向频域的观察宽度,Y 方向的分辨率取决于 Y 方向频域的观察宽度。为了获得高的空间分辨率,需要在对应方向的频域观察足够宽的范围。

4.1.4　频域采样要求

实际上获得的频域数据是离散的,即对式(4.16)在 (k_x, k_y) 域的一个离散采样。为了无模糊重构目标函数,在频域的采样必须满足频域采样定理。假设目标函数 $g(x,y)$ 在 X 和 Y 方向的支撑区范围分别为 ΔX 和 ΔY,则频域采样间隔必须满足

$$\begin{cases} d_{k_x} \leqslant \dfrac{2\pi}{\Delta X} \\[3mm] d_{k_y} \leqslant \dfrac{2\pi}{\Delta Y} \end{cases} \tag{4.21}$$

因此,目标函数空域支撑区越大,要求频域采样间隔要越小(密)。

4.1.5　频谱偏置

实际获取的频域观察区域可能并不是在频域坐标原点附近,而是有个偏置,如图4.3所示。此时,观察频谱可以表示为

$$\widehat{G}(k_x, k_y) = G(k_x, k_y) \cdot \text{rect}\left(\frac{k_x - k_{xc}}{\Delta k_x}, \frac{k_y - k_{yc}}{\Delta k_y}\right) \tag{4.22}$$

对式(4.22)做逆傅里叶变换,得到

$$\widehat{g}(x, y) = g(x, y) \otimes \left\{ \text{sinc}\left[\frac{\Delta k_x}{2\pi}x, \frac{\Delta k_y}{2\pi}y\right] \cdot \exp\left[j(xk_{xc} + yk_{yc})\right] \right\} \tag{4.23}$$

此时点目标响应函数可表示为

$$\text{psf}(x, y) = \text{sinc}\left[\frac{\Delta k_x}{2\pi}x, \frac{\Delta k_y}{2\pi}y\right] \cdot \exp\left\{j(xk_{xc} + yk_{yc})\right\} \tag{4.24}$$

对比式(4.19)可以看到,频谱偏置对点目标响应的影响是增加了一个线性相位因子,对于幅度响应没有影响。由于重构的分辨率只取决于点目标响应的幅度,因此频谱的偏置并不影响分辨率。只要观察的频谱宽度固定,重构图像就具有相同的空间分辨率。

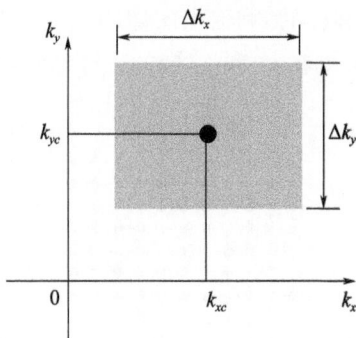

图 4.3　有偏置的频谱支撑区范围

4.1.6　频域采样格式

上面提到,实际的成像系统往往只能观察到部分频谱,而且可能是在有限

支撑区域内的一个离散采样。两维离散采样位置可能是在笛卡儿坐标系(k_x,k_y)上的均匀采样(称为矩形格式采样),也可能是在极坐标系(k_r,θ)上的均匀采样,或者其他格式采样(如 Stolt 格式采样)。理论上,不管什么样格式的采样,根据获取的频域采样数据都可以通过逆傅里叶变换重构得到目标函数。然而,工程上,为了提高计算效率,往往总是希望能够利用快速傅里叶变换(FFT)(或者快速逆傅里叶变换)来高效地实现傅里叶重构。而快速两维傅里叶变换实现的一个基本前提是数据采样格式必须是矩形格式。因此,当实际采样数据不是矩形格式时,往往需要先对数据进行重采样,获得矩形格式采样数据,再利用快速傅里叶变换实现目标重构。下面介绍几种在 SAR 里常会用到的采样格式。

1. 矩形格式(k_x-k_y)

如图4.4所示为矩阵格式采样,采样数据在笛卡儿坐标系中的k_x和k_y每一维都是按均匀间隔采样的。考虑到实际 SAR 数据由于发射信号存在载频,因此观察得到的频谱在距离频率上存在一个偏置。对于一个理想的点目标,假设其空间位置为(x_0,y_0),则矩形格式下观察到的频谱可以表示为

$$\widehat{G}(k_x,k_y) = \text{rect}\left(\frac{k_x}{\Delta k_x}, \frac{k_y-k_{yc}}{\Delta k_y}\right) \cdot \exp\left\{j(x_0 k_x + y_0 k_y)\right\} \tag{4.25}$$

对于矩形格式采样数据,在每一维分别进行 IFFT 就可以得到目标的聚焦图像。SAR 最早期的多普勒波束锐化算法和基于远场/小转角近似的矩形格式算法就都是基于这种采样格式近似。需要说明的是,k_x域采样间隔和k_y域采样间隔不一定要相同。因为采样间隔影响输出图像的范围,因此只有希望输出图像在x和y维具有一样的大小,则在k_x和k_y域的采样间隔才要求相同。

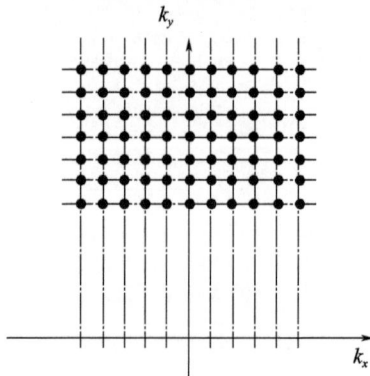

图4.4 频域矩形格式采样

2. 极坐标格式($k_r - \theta$)

如图 4.5(a)所示为极坐标格式采样,采样数据在极径 k_r 和极角 θ 上离散采样,将采样数据映射到 $k_x - k_y$ 域对应采样位置如图 4.5(b)所示。显然,在 $k_x - k_y$ 域上,两维均是非均匀采样的。同样由于在实际雷达中,发射信号存在载频,导致信号在空间频域极径上存在偏置,因此考虑存在极径偏置的极坐标格式采样。对于理想的点目标,极坐标格式下观察频谱可以表示为

$$\widehat{G}(k_r,\theta) = \mathrm{rect}\left(\frac{k_r - k_{rc}}{\Delta k_r}, \frac{\theta}{\Delta \theta}\right) \cdot \exp\{\mathrm{j}(x_0 k_r \sin\theta + y_0 k_r \cos\theta)\} \tag{4.26}$$

式中:Δk_r 和 $\Delta \theta$ 分别为极径和极角上的观察宽度;k_{rc} 为极径向的偏置。

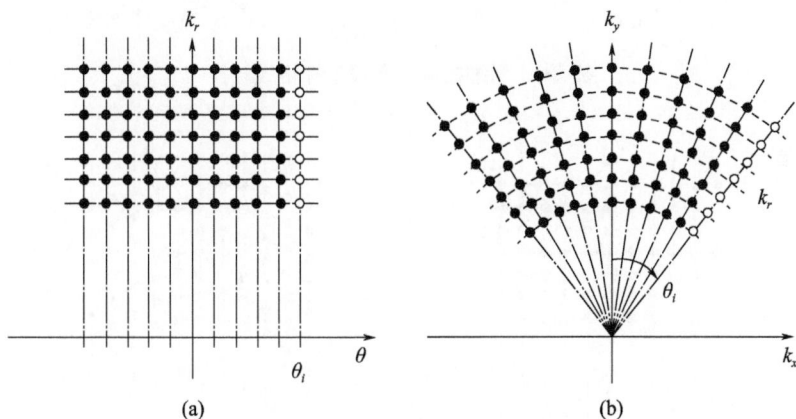

图 4.5　极坐标格式采样及映射到直角坐标系下的采样位置
(a)极坐标格式采样;(b)极坐标采样映射到直角坐标。

为了利用快速傅里叶变换实现傅立叶重构,需要通过对极坐标格式采样数据进行两维重采样得到矩形格式的采样数据,如图 4.6 所示。具体实现时,为了提高计算效率,也可以通过两个一维重采样来实现(具体实现方式将在第 5 章中详细介绍)。从数学表达式上,相当于对式(4.26)做两维变量替换,有

$$\begin{cases} k_x = k_r \sin\theta \\ k_y = k_r \cos\theta \end{cases} \tag{4.27}$$

3. Stolt 格式($k_x - k_r$)

如图 4.7(a)所示为 Stolt 格式采样,采样数据在极径 k_r 和方位频率 k_x 域离散均匀采样,映射到直角坐标系 $k_x - k_y$ 域如图 4.7(b)所示。显然,数据在 k_x 域仍然是均匀采样的,但在 k_y 域上是非均匀采样的。因此,为了获得两维都是均匀采样的数据,需要在 k_y 域上做一维重采样。

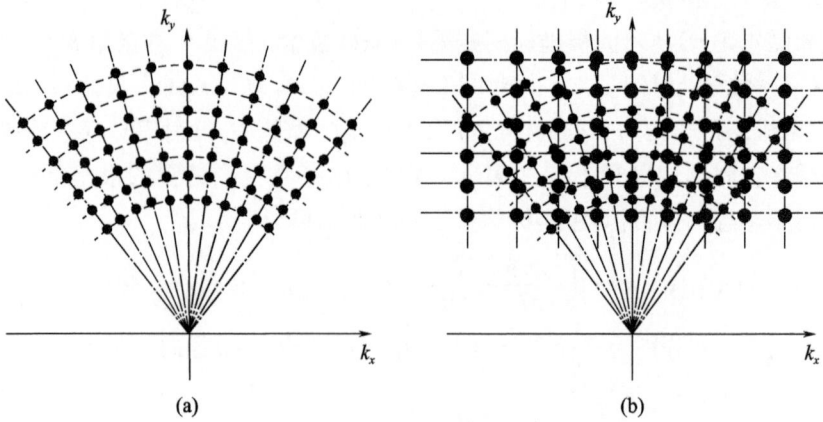

图 4.6　两维插值实现极坐标格式转换

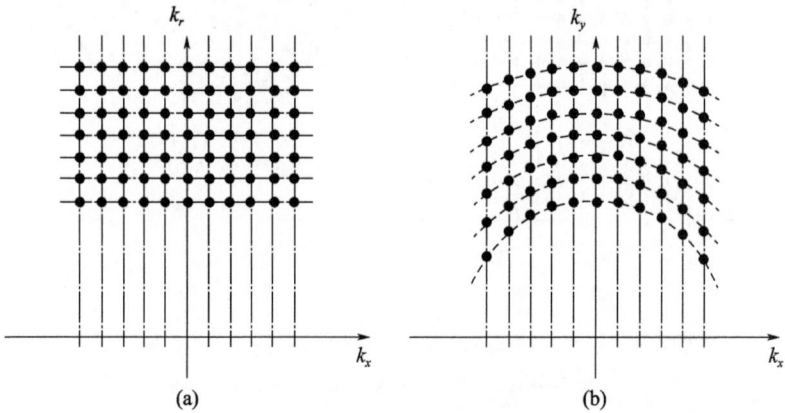

图 4.7　Stolt 格式采样及映射到直角坐标下的采样位置

（a）Stolt 格式采样；（b）Stolt 采样映射到直角坐标。

从数学表达式来看,极径向存在偏置的 Stolt 格式采样数据可以表示为

$$\widehat{G}(k_x, k_r) = \text{rect}\left(\frac{k_x}{\Delta k_x}, \frac{k_r - k_c}{\Delta k_r}\right) \cdot \exp\left[-\text{j}(x_0 \cdot k_x + y_0 \cdot \sqrt{k_r^2 - k_x^2})\right]$$

（4.28）

重采样过程可以表示为变量替换过程,即

$$k_y = \sqrt{k_r^2 - k_x^2}$$

（4.29）

针对每一个 k_x,在 k_r 域进行一维重采样,使得重采样后通过式（4.29）映射得到的 k_y 是均匀采样的,如图 4.8 所示。这个一维重采样过程也称为 Stolt 插值,是 SAR 成像算法 RMA 算法的核心步骤。

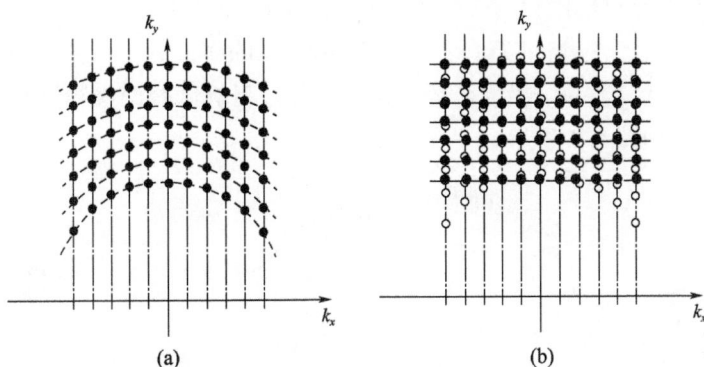

图 4.8　一维插值实现 Stolt 格式转换

4.1.7　切片投影定理

根据上述傅里叶重构理论,要重构目标图像,关键在于获取目标的两维频谱数据。而 SAR 雷达实际获取的是以快时间和慢时间为自变量的两维回波数据。那么如何将雷达两维回波数据跟目标函数频谱联系起来呢? 切片投影定理就提供了这样一个工具。

假设雷达波束照射区域内目标两维空域分布函数为 $g(x,y)$,其对应的两维频谱函数为 $G(k_x,k_y)$。如果将两维空域函数沿着某一角度方向投影,假设该投影方向角为 θ,则投影得到一维函数,记为

$$p_\theta(r) = \iint g(x,y) \cdot \delta(r - x\sin\theta - y\cos\theta)\mathrm{d}x\mathrm{d}y \qquad (4.30)$$

在平面波前假设条件下,雷达在某一个脉冲(对应某一慢时间,假设对应视角 θ)采集到的数据就是该投影函数与雷达发射信号的卷积,当通过解卷积去除发射信号信息后,得到目标函数在视角 θ 方向的投影函数 $p_\theta(r)$。因此,可以认为雷达在每一个角度对目标的观察,实际上是观察到了目标函数沿雷达视线方向的一个投影。

对该一维函数做傅里叶变换,得到其频谱 $P_\theta(k_r)$,即

$$P_\theta(k_r) = \int_{-\infty}^{+\infty} p_\theta(r) \cdot \exp(-\mathrm{j}rk_r)\mathrm{d}r \qquad (4.31)$$

将式(4.30)代入式(4.31),交换积分次序,并利用冲激函数的积分特性,可以得到

$$P_\theta(k_r) = \iint g(x,y) \cdot \exp\{-\mathrm{j}k_r(x\sin\theta + y\cos\theta)\}\mathrm{d}x\mathrm{d}y \qquad (4.32)$$

该频谱恰好等于目标函数两维频谱在 θ 角度上的切片,即

$$P_\theta(k_r) = G(k_r\cos\theta, k_r\sin\theta) \tag{4.33}$$

也就是说,目标函数一维投影函数的频谱恰好是目标函数两维频谱在相同视角的一个切片,如图 4.9 所示。

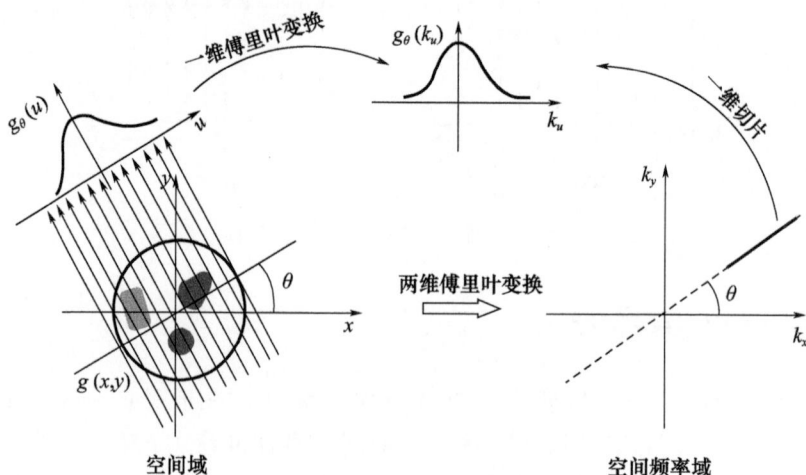

图 4.9　切片投影定理示意图

该定理指出,如果能得到目标函数在某个方向的一个投影,等效于目标两维频谱在相同视角方向的一个切片。而雷达每采集一个脉冲回波信号,当去除发射信号后,在平面波前假设条件下,剩下的信号恰好就是两维目标函数沿着雷达到目标视线方向的一个投影。那么,根据切片投影定理,采集一个脉冲的回波信号,就相当于得到了目标函数两维频谱的一个切片。通过雷达平台的运动,不同脉冲时刻雷达相对目标的观察视角不同,因此不同脉冲回波信号经过预处理后就是两维目标频谱在不同视角下的切片。因此,雷达成像处理过程实际上就是已知目标频谱在不同视角下的切片,来重构目标两维空域函数的傅里叶重构过程。

4.2　雷达两维成像理论

下面,考虑实际雷达的两维目标成像理论。为简化分析,仅考虑两维成像几何关系,即假设雷达平台不存在高度,或者假设目标都存在于数据采集所在的斜平面。同时,为了更好地揭示回波数据与场景函数之间的傅里叶变换关系,先假设雷达波前是平面的,后面介绍具体算法时再考虑实际球面波前的情况。

4.2.1 回波信号获取

1. 数据采集几何

雷达数据采集几何关系如图 4.10 所示,以场景中心 O 点作为坐标原点建立直角坐标系,在该坐标系下,雷达照射的目标区域两维散射系数分布表示为 $g(x,y)$。雷达平台以一定的速度运动,在运动过程中雷达波束始终照射同一目标区域,以固定的脉冲重复频率间歇发射脉冲信号,并接收目标反射的回波信号。尽管实际雷达是连续运动的,但对于机载雷达,由于单个脉冲发射和接收期间雷达的运动效应一般可以忽略(因为电磁传播速度要远大于雷达平台运动速度),因此实际信号建模时常采用停–走–停假设,即可以假设雷达停在某处发射和接收信号,然后运动到下一个位置停下来再发射和接收另一个脉冲信号,如此重复直到采集到足够的数据。假设某一个脉冲,雷达位于 $(x_r(t),y_r(t))$ 处,其中 t 为方位时间,t 的不同代表不同脉冲。在该脉冲时刻,雷达到场景中心的距离为 $r_c(t)$,对应的角度为 $\theta(t)$。设场景中任一理想点反射体,其空间位置为 (x,y),雷达到该点反射体的距离为 $r_p(t)$。

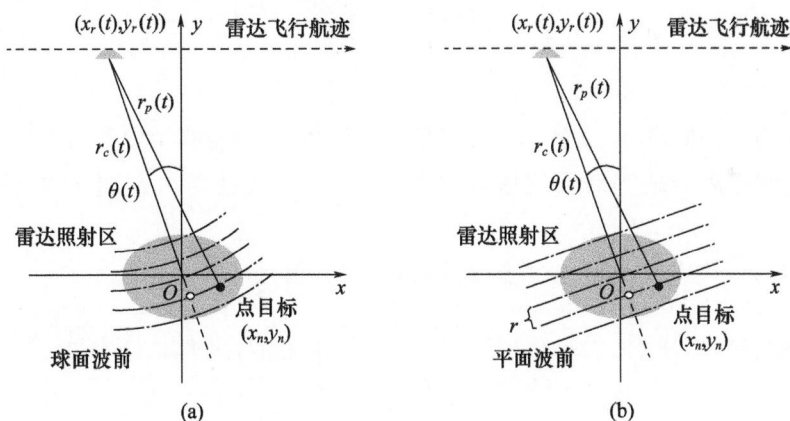

图 4.10 数据采集几何
(a)球面波前;(b)平面波前。

实际雷达波前为球面波前,即到雷达距离相同的弧线上的目标将同时到达雷达接收机,从而这些目标的回波信号将完全叠加在一起,如图 4.10(a)所示。在远场条件下,目标区的等距离圆弧线可以近似成直线,即垂直于视线方向的直线可以近似成等距离线,如图 4.10(b)所示。因此,在计算雷达回波时,可以将两维目标场景函数沿雷达视线方向投影,得到一维散射函数。实际上雷达回波信号是发射信号与该一维投影函数的卷积结果。

在平面波前假设条件下,根据如图 4.10(b)所示几何关系,目标函数在雷达视线方向的投影函数可以表示为

$$p_\theta(r) = \iint g(x,y) \cdot \delta(r - x\sin\theta - y\cos\theta) \,\mathrm{d}x\mathrm{d}y \qquad (4.34)$$

式中:r 为视线方向上散射点到场景中心的距离。根据几何关系,在平面波前假设下,散射点到雷达的距离可以表示为

$$r_p(t) = r_c(t) + r \qquad (4.35)$$

2. 信号模型

假设雷达发射线性调频信号,信号调制在载频 f_0 上,其数学形式可表示为

$$s(\tau) = \mathrm{rect}\left(\frac{\tau}{T}\right) \cdot \exp(\mathrm{j}\pi k\tau^2) \cdot \exp(\mathrm{j}2\pi f_0\tau) \qquad (4.36)$$

式中:τ 为快时间变量,代表发射当前脉冲到发射下一个脉冲之间的时间变量;T 为脉冲宽度;k 为调频斜率;f_0 为载频。该信号带宽为 $B_f = kT$。

对于每一个发射脉冲信号,接收回波信号是发射信号与目标沿当前雷达视线方向投影函数的卷积,即

$$Q(t,\tau) = \int p_\theta(r) \cdot s\left(\tau - \frac{2r_p(t)}{c}\right)\mathrm{d}r = \int p_\theta(r) \cdot s\left(\tau - \frac{2(r_c(t) + r)}{c}\right)\mathrm{d}r$$

$$(4.37)$$

式中:t 为方位慢时间。t 的不同代表是不同脉冲,这里忽略了发射信号功率、天线增益和距离衰减等对回波信号幅度的调制(近似是复常数,不影响成像分辨率)。

将式(4.36)代入式(4.37),并解调去掉载频后,信号可表示为

$$Q(t,\tau) = \int p_\theta(r) \cdot \mathrm{rect}\left(\frac{\tau - \dfrac{2(r_c(t) + r)}{c}}{T}\right) \cdot \exp\left\{\mathrm{j}\pi k\left(\tau - \frac{2(r_c(t) + r)}{c}\right)^2\right\} \cdot$$

$$\exp\left\{-\mathrm{j}2\pi f_0\frac{2(r_c(t) + r)}{c}\right\}\mathrm{d}r$$

$$(4.38)$$

3. 信号两维采样

上述信号模型中,在停 – 走 – 停假设下,方位时间 t 本身就是离散的,每一个离散值对应雷达在一个位置发射并接收一个脉冲信号,但每一个脉冲的回波信号却是连续的。早期雷达直接在模拟信号域通过声表面波滤波器实现距离向脉冲压缩,得到高分辨率距离向一维像。现代雷达一般都通过解调去掉载频

后直接对信号进行采样数字化,得到数字信号后再进行后续的脉冲压缩及其他处理。考虑到由于雷达照射场景大小有限,实际的目标回波信号只在有限的时间上出现,因此实际雷达只在一定的时间段内对距离快时间进行采样,这一采样范围通常称为距离采样窗,如图 4.11 所示。采样窗偏离时间原点(发射信号时刻)的位置由目标到雷达的距离决定,采样窗的宽度由场景宽度和脉冲宽度共同决定。

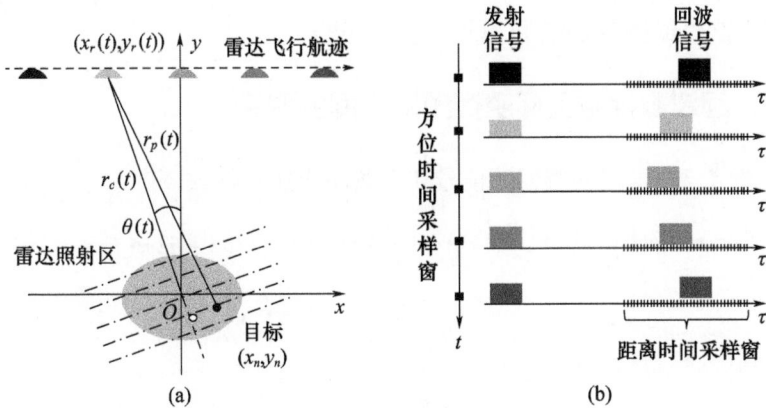

图 4.11　数据采集几何和数据两维采样位置

　　图 4.11 中在距离上的采样位置对每一个脉冲都是一样的,称为固定采样窗。在聚束模式下,有时为了节省采样点数,会采用滑窗接收的方式,如图 4.12 所示,采样窗的位置会根据场景中心点到雷达的距离变化而变化,使场景中心点回波始终处于采样窗的中心。

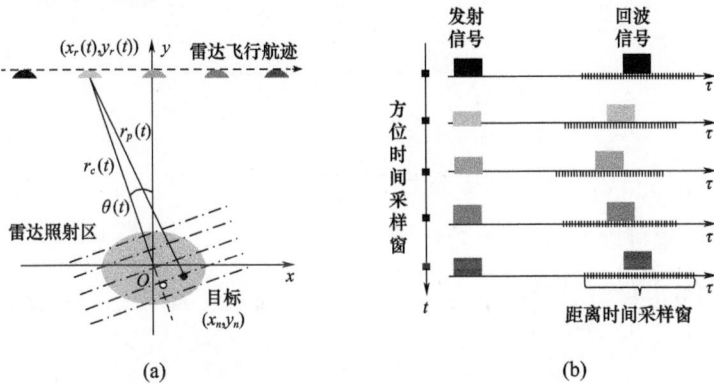

图 4.12　距离采样窗逐脉冲变化的滑窗接收

滑窗接收模式下,同时考虑解调信号的变化,则回波信号可以简化表示为

$$Q(t,\tau) = \int p_\theta(r) \cdot \text{rect}\left(\frac{\tau - \frac{2r}{c}}{T}\right) \cdot \exp\left\{j\pi k\left(\tau - \frac{2r}{c}\right)^2\right\} \cdot \exp\left\{-j2\pi f_0 \frac{2r}{c}\right\}dr$$

(4.39)

如果采用固定接收窗,数据接收采样后,通过对场景中心点进行距离徙动校正和方位相位补偿,同样可以得到式(4.39)。

4.2.2 回波数据与目标函数频谱之间的联系

将式(4.39)所示两维回波信号在距离向变换到频域,有

$$Q(t,f_\tau) = \text{rect}\left(\frac{f_\tau}{B_f}\right) \cdot \int p_\theta(r) \cdot \exp(-j\pi f_\tau^2/k) \cdot \exp\left\{-j2\pi(f_0 + f_\tau)\frac{2r}{c}\right\}dr$$

(4.40)

将式(4.34)代入式(4.40),可得

$$Q(t,f_\tau) = \text{rect}\left(\frac{f_\tau}{B_f}\right) \cdot \iint g(x,y) \cdot \exp\left\{-j2\pi(f_0 + f_\tau)\frac{2r}{c}\right\} \cdot$$
$$\delta(r - x\sin\theta - y\cos\theta)\,dxdydr$$

变换积分顺序,并利用冲激函数的积分性质 $f(r_0) = \int f(r) \cdot \delta(r - r_0)\,dr$,可得

$$Q(t,f_\tau) = \text{rect}\left(\frac{f_\tau}{B_f}\right) \cdot \iint g(x,y) \cdot \exp\left\{-j\frac{4\pi(f_0 + f_\tau)}{c}(x\sin\theta + y\cos\theta)\right\} \cdot dxdy$$

(4.41)

再定义

$$k_r = \frac{4\pi(f_0 + f_\tau)}{c}$$

(4.42)

则式(4.41)也可以表示为

$$Q(t,k_r) = \text{rect}\left(\frac{k_r - k_{rc}}{\Delta k_r}\right) \cdot \iint g(x,y) \cdot \exp\left\{-j(x \cdot k_r\sin\theta + y \cdot k_r\cos\theta)\right\} \cdot dxdy$$

(4.43)

$$\Delta k_r = 4\pi B_f/c$$

由于 θ 与 t 之间存在一一对应关系,因此式(4.43)也可写为

$$Q(\theta, k_r) = \text{rect}\left(\frac{\theta}{\Delta\theta}\right) \cdot \text{rect}\left(\frac{k_r - k_{rc}}{\Delta k_r}\right) \cdot \iint g(x, y) \cdot \exp\{-j(x \cdot k_r \sin\theta + y \cdot k_r \cos\theta)\} \cdot \mathrm{d}x\mathrm{d}y$$

$$= \Pi(\theta, k_r) \cdot G(\theta, k_r) \tag{4.44}$$

式中：$\Pi(\theta, k_r) = \text{rect}\left(\frac{\theta}{\Delta\theta}\right) \cdot \text{rect}\left(\frac{k_r - k_{rc}}{\Delta k_r}\right)$ 为信号支撑区窗函数。

进一步，如果定义

$$\begin{cases} k_x = k_r \sin\theta \\ k_y = k_r \cos\theta \end{cases} \tag{4.45}$$

则式(4.44)也可以表示为

$$Q(k_x, k_y) = \Pi(k_x, k_y) \cdot \iint g(x, y) \cdot \exp\{-j(xk_x + yk_y)\} \cdot \mathrm{d}x\mathrm{d}y$$

$$= \Pi(k_x, k_y) \cdot G(k_x, k_y) \tag{4.46}$$

式中：$\Pi(k_x, k_y)$ 为由 (θ, k_r) 有效采样区域决定的一个两维窗函数；$G(k_x, k_y)$ 为目标函数的两维频谱。

很明显，通过一系列预处理后，回波信号与目标函数 $g(x, y)$ 之间存在两维傅里叶变换关系，即经过预处理后的两维回波信号可以看成是目标函数两维频谱在有限支撑区内的两维离散采样。其中，每一个脉冲回波信号（由于雷达运动，每一个脉冲时刻雷达瞬时方位角都不同）对应其中一个极角上的采样，而且极角的大小恰好等于该脉冲所在时刻雷达的瞬时方位角。只不过由于系统发射信号带宽和雷达观察视角有限，因此实际观察到的只是两维频域有限支撑区范围的频谱。

4.2.3　频谱采样格式及支撑区大小

根据式(4.45)，容易知道式(4.46)在频域 (k_x, k_y) 上的采样位置可由雷达方位角（实际可由方位时间确定）和距离频率映射得到。对于同一个脉冲，由于雷达具有固定的方位角 θ，因此一个脉冲的回波信号对应在空间频率域同一极角对应的极径上的采样。根据式(4.42)，极径向的采样位置由发射信号载频和距离频率共同决定。其中载频决定了在极径向的采样中心位置的偏置，偏置大小为 $4\pi f_0/c$，距离频率 f_r 决定了在极径上具体采样位置。由于距离频率 f_r 是由距离时域信号通过 FFT 得来的，因此在距离频率域的采样是均匀的。根据式(4.42)，均匀的距离频率采样映射到空间频率域极径向也是均匀采样。由于不同脉冲对应雷达具有不同的瞬时方位角,因此在极角上的采样位置可由方位时间来确定。由于实际雷达数据在方位时间上往往是均匀离散采样的,因此映射到方位角位置也是离散的,只不过方位角采样是否均匀取决于雷达速度。因此,回波信号在目标两维空间频率域的采样是按极坐标格式采样的,如图 4.13 所示。

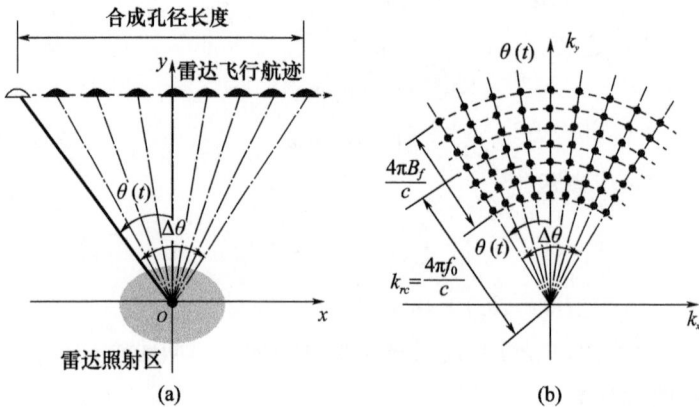

图 4.13   数据采集几何和两维空间频域采样位置
(a)数据采集几何;(b)空间频域采样位置。

根据上述空间频域采样位置,可以得到频谱支撑区范围完全取决于发射信号载频 f_0、距离频率 f_τ 和方位时间 t。每一个脉冲的回波信号(设雷达相对场景中心的方位角位置为 θ),对应在两维空间频域由极角 θ 决定的极径上的一个采样。极径上采样支撑区位置的偏置由载频决定,大小为 $4\pi f_0/c$。有效采样范围由距离频率 f_τ 的有效范围(发射信号带宽 B_f)决定,大小为 $4\pi B_f/c$。随着不同脉冲时刻雷达方位角位置的变化,可以得到两维频谱在不同极角下的采样,如图 4.13 所示,支撑区范围为一扇环区域。由于极角的大小与雷达数据采集时的方位角完全对应,因此频谱支撑区扇环圆心角范围也恰好等于雷达在相干合成时间内相对于场景中心 O 点方位角大小变化的范围。

实际上,发射信号载频往往要远大于带宽,因此扇环的中心半径要远大于最大半径和最小半径之差,即 $4\pi f_0/c \gg 4\pi B_f/c$。同时,绝大部分实际 SAR 系统需要的观察转角 $\Delta\theta$ 往往是很小的,因此实际的频谱支撑区往往可以近似成一个矩形区域。矩形区域在 k_y 向的支撑区大小为

$$\Delta k_y = \frac{4\pi B_f}{c} \tag{4.47}$$

在 k_x 方位向的支撑区大小为

$$\Delta k_x \approx \frac{4\pi f_0}{c}\Delta\theta = \frac{4\pi}{\lambda}\Delta\theta \qquad (4.48)$$

因此,频谱支撑区窗函数可近似为

$$\Pi(k_x, k_y) \approx \text{rect}\left(\frac{k_x}{\Delta k_x}, \frac{k_y}{\Delta k_y}\right) \qquad (4.49)$$

4.2.4 傅里叶重构两维成像

根据上面的分析已经知道,经过一定预处理后的回波信号,可以看成是目标函数两维频谱在有限支撑区内的两维离散采样。因此,要重构目标,最常用的办法就是对采样的频谱数据直接进行两维逆傅里叶变换。根据观察频谱数据是在直角坐标下还是在极坐标系下,由傅里叶数据重构直角坐标下的空域目标函数的公式可以分别表示为

$$\hat{g}(x, y) = \iint G(k_x, k_y) \cdot \exp\{\mathrm{j}[k_x x + k_y y]\} \mathrm{d}k_x \mathrm{d}k_y \qquad (4.50)$$

$$\hat{g}(x, y) = \iint G(\theta, k_r) \cdot \exp\{\mathrm{j}[k_r\sin\theta \cdot x + k_r\cos\theta \cdot y]\} k_r \mathrm{d}k_r \mathrm{d}\theta \qquad (4.51)$$

式中:$G(k_x, k_y)$ 和 $G(\theta, k_r)$ 分别为直角坐标系和极坐标系下目标函数频谱;$\hat{g}(x, y)$ 为重构得到的直角坐标系下的目标函数。

由于实际获取的数据是在两维频谱上一个极坐标格式采样,因此其傅里叶重构有两种实现方式。一种方式是直接利用式(4.51)进行重构,对应算法就是经典的卷积反投影算法。而另一种方式是先对极坐标格式采样数据进行两维重采样,转换为直角坐标下矩形格式采样,再在利用式(4.50)进行两维 IFFT 实现成像,对应算法就是极坐标格式算法。因此,在平面波前假设条件下,卷积反投影算法和极坐标格式算法实际上是同一傅里叶重构过程的两种不同实现方式。

1. 极坐标系下傅里叶重构——卷积反投影算法

对于实际雷达而言,通过前述一系列预处理后,已有的是目标两维频谱在有限支撑区内的极坐标格式采样,即

$$Q(\theta, k_r) = G(\theta, k_r) \cdot \Pi(\theta, k_r) \qquad (4.52)$$

理想的目标函数重构是对 $G(\theta, k_r)$ 做逆傅里叶变换,但实际上有的是其加窗后的频谱,即 $Q(\theta, k_r) = G(\theta, k_r) \cdot \Pi(\theta, k_r)$,因此,实际上只能是对加窗后的频谱做逆傅里叶变换得到目标函数的一个估计,即

$$\hat{g}(x,y) = \iint Q(\theta,k_r) \cdot \exp\{j[k_r\sin\theta \cdot x + k_r\cos\theta \cdot y]\}k_r dk_r d\theta \quad (4.53)$$

用分步积分代替上述双重积分，可得

$$\hat{g}(x,y) = \int\left\{\int Q(\theta,k_r) \cdot k_r \cdot \exp\{j[k_r\sin\theta \cdot x + k_r\cos\theta \cdot y]\}dk_r\right\}d\theta$$

$$= \int\left\{\int Q(\theta,k_r) \cdot k_r \cdot \exp\{jk_r[x\sin\theta + y\cos\theta]\}dk_r\right\}d\theta$$

$$(4.54)$$

定义

$$\bar{Q}(\theta,r) = \int Q(\theta,k_r) \cdot k_r \cdot \exp\{jk_r r\}dk_r \quad (4.55)$$

因为 $Q(\theta,k_r)$ 的逆傅里叶变换为脉冲回波信号直接脉冲压缩后的结果，而 $\bar{Q}(\theta,r)$ 是 $Q(\theta,k_r)$ 在乘了滤波器函数 $H(k_r)=k_r$ 的逆傅里叶变换结果，因此称为滤波后的脉冲压缩结果。

因此，式(4.54)也可以写为

$$\hat{g}(x,y) = \int \bar{Q}(\theta,r)|_{r=x\sin\theta+y\cos\theta}d\theta \quad (4.56)$$

考虑到实际录取数据在角度域是离散的，因此上述积分实际可以表示为求和形式，即

$$\hat{g}(x,y) = \sum_i \bar{Q}(\theta_i,r)|_{r=x\sin\theta_i+y\cos\theta_i} \quad (4.57)$$

式(4.57)为反投影公式，表示将滤波后的脉冲压缩结果，在每一距离 r 处，将信号反投影到所有距离为 r 的地面网格上，即地面网格上所有到场景中心距离为 r 的网格点上，都赋值 $\bar{Q}(\theta_i,r)$。在平面波前假设下，所有投影到雷达视线方向上等距离的点都认为是等距离点。对于第 i 个脉冲，假设其方位角 θ_i，则对应的视线矢量为 $(\sin\theta_i,\cos\theta_i)$，因此任意点 (x,y) 投影到该视线方向的距离为 $x\sin\theta_i + y\cos\theta_i$。因此反投影过程将所有满足 $x\sin\theta_i + y\cos\theta_i = r$ 的 (x,y) 点（位于垂直于视线的直线上）都赋值 $\bar{Q}(\theta_i,r)$。

实际实现时，式(4.54)中的傅里叶积分往往会利用 IFFT 来实现，而 IFFT 实现时考虑的频谱是基带频谱，但实际上 k_r 有一个偏置 $4\pi f_0/c$，因此实际实现时，需将偏置因子提取出来放到积分外面，有

$$\hat{g}(x,y) = \int\left\{\int Q(\theta,k_r) \cdot k_r \cdot \exp\{j\tilde{k}_r[x\sin\theta + y\cos\theta]\}dk_r\right\} \cdot$$

$$\exp\left\{j\frac{4\pi f_0}{c}[x\sin\theta + y\cos\theta]\right\}d\theta \quad (4.58)$$

式中：$\bar{k}_r$ 为基带距离空间频率。因此，实际的反投影过程变为

$$\hat{g}(x,y) = \sum_i \bar{Q}(\theta_i,r)|_{r=x\sin\theta_i+y\cos\theta_i} \cdot \exp\left\{j\frac{4\pi f_0}{c}[x\sin\theta_i + y\cos\theta_i]\right\}$$

$$(4.59)$$

实际实现时，其具体实现过程可以总结为以下步骤：

（1）设置地面网格。针对雷达波束照射范围设置地面校正网格，网格像素大小在重构过程上具有任意性，但为了完整信息，通常选择略小于分辨率，这样能保证图像频谱不混叠（虽然很多时候只关心图像幅度，不关心图像频谱）。不妨假设网格像素个数为 $M \times N$，每一个网格点对应一个空间坐标，如对于第 m 行第 n 列，其坐标为 (x_m, y_n)。

（2）计算距离位置。针对每一个脉冲，首先计算每一个网格点到该脉冲时刻雷达视线方向的投影距离。例如，对于第 i 个脉冲，第 (m,n) 个像素点，可以计算得到投影距离，即

$$r^i_{m,n} = x_m\sin\theta_i + y_n\cos\theta_i \qquad (4.60)$$

（3）重采样取值。有了投影距离，就可以找到它在滤波后脉冲压缩结果中的位置，对于连续信号可以直接取出该位置处的信号值，但实际上滤波后脉冲压缩结果是离散采样的，计算得到的投影距离 $r^i_{m,n}$ 并不一定对应在距离采样位置上，因此，实际上为了获得 $r^i_{m,n}$ 处的信号值，往往还需要通过对 $\bar{Q}(\theta_i,r)$ 进行重采样得到 $\bar{Q}(\theta_i,r^i_{m,n})$。

（4）相参积累。针对每一像素，将所有脉冲回波信号插值得到的信号值补偿一个相位后就可以实现相参积累，有

$$\hat{g}(x_m,y_m) = \sum_i \bar{Q}(\theta_i,r^i_{m,n}) \cdot \exp\left\{j\frac{4\pi f_0}{c}[x_m\sin\theta_i + y_n\cos\theta_i]\right\} \quad (4.61)$$

对每一个网格像素执行上述过程，就可以重构得到整个图像。

反投影算法有两个最主要优势。一是可以适用任意雷达航迹，因为反投影过程在方位时间域完成，无需对信号在方位进行 FFT/IFFT 操作，因此不需要雷达在方位空间域均匀采样，理论上可以适用于任意雷达航迹飞行。二是可以对波束内任意局部进行任意像素大小的成像，做到想成哪里的像就成哪里的像，想用多大的像素大小成像就可以用多大的像素成像。

反投影算法也存在一个致命缺陷。在成像处理过程中，距离向的处理，即滤波过程，可以采用 FFT/IFFT 来实现，因此效率较高，但方位向的处理是直接在时域完成，需要对每个像素单独操作，无法利用 FFT/IFFT 实现批处理，因此

算法计算效率极低。

2. 直角坐标系下傅里叶重构——极坐标格式算法

上述基于极坐标系下频谱数据重构过程中,方位向处理需针对每个脉冲逐地面网格像素进行投影处理,因此计算效率极低,极大地限制了该算法在工程上的应用。在工程上,要实现傅里叶变换或者逆傅里叶变换,总是希望能够用它们的快速算法 FFT/IFFT 来实现,因为这样可以极大地提高算法的计算效率。但 FFT/IFFT 的应用存在一个前提,即变换前的数据需要是均匀采样的,如果是两维(逆)傅里叶变换,则需要在两维均是均匀采样的,也就是需要一个矩形格式的采样数据。

根据前面的分析,在平面波前假设条件下,雷达获取的数据经过一定的预处理后实际上就是目标函数两维频谱的极坐标格式采样。因此目标成像本质上就是对两维频谱数据进行两维逆傅里叶变换得到目标函数的一个估计过程。只不过由于在两维频域的采样是极坐标格式的,因此两维逆傅里叶变换无法利用 IFFT 来实现。为了利用 IFFT 来高效地实现两维逆傅里叶变换,一个最直接的办法是首先对原始极坐标格式采样数据进行两维重采样,调整数据两维采样位置,得到矩形格式采样数据,如图 4.6 所示,然后针对重采样后的矩形格式数据,利用 IFFT 快速实现两维逆傅里叶变换得到目标函数的图像。这种处理过程就是经典的极坐标格式算法处理步骤,该算法的核心在于极坐标格式采样数据到矩形格式采样数据的转换。

本质上,极坐标格式转换是一个对两维数据的两维重采样过程。因为在系统设计时,会通过合理设置雷达参数保证极坐标格式的采样数据是满足奈奎斯特采样定理的,因此理论上,频谱支撑区内任意一点的值都可以通过重采样恢复出来,而在频谱支撑区之外的数据则无法得到,通常做法是直接置零。在两维重采样时,重采样输出矩形格式采样的范围具有一定的任意性,但通常会选择频谱扇环支撑区的外接矩形区域或者内切矩形区域,如图 4.14 所示。选择外接矩形区域采样范围能够完整地保留所有谱信息,因此不会损失重构分辨率,代价是有些采样位置处实际没有数据,增加了一定的计算量。而选择内切矩形采样范围虽然保证了所有采样的数据都是有效的,但损失了部分频谱信息,因此重构分辨率会受到一定影响。

算法实际实现时,为了进一步提高计算效率,可以将极坐标格式数据到矩形格式数据转换的两维重采样过程分解成两个一维重采样过程,即一个距离向重采样和一个方位向重采样过程。

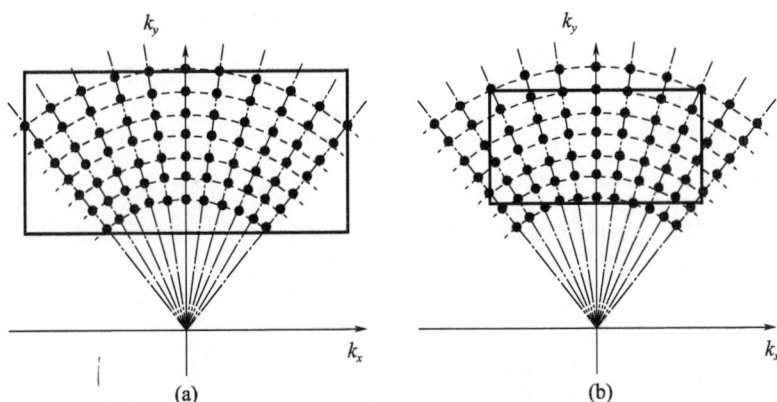

图 4.14　极坐标重采样输出范围

(a)外接矩形采样输出;(b)内接矩形采样输出。

如图 4.15 所示,距离向重采样是针对每一个脉冲数据(每一个极角上的采样数据)来进行。重采样前,不同极角下在极径向上的采样位置都是相同的,即 $k_r = 4\pi(f_0 + f_\tau)/c$,但对应的 $k_y = k_r\cos\theta$ 由于极角 θ 的不同而各不相同。通过在极径向进行一维重采样,使得重采样后不同极角下的数据具有相同的 k_y 坐标(具体位置可以事先确定好)。不妨假设输出的 k_y 坐标统一为 $\bar{k}_y$,则对应到极角 θ 上极径向的输出坐标为 $\bar{k}_r = \bar{k}_y/\cos\theta$。当所有脉冲数据完成距离向重采样后,极坐标格式采样数据变为 Keystone 格式采样数据,如图 4.15(b)所示。此时,采样数据在 k_y 域是均匀采样的,但在方位 k_x 域还需继续对信号进行方位向一维重采样。

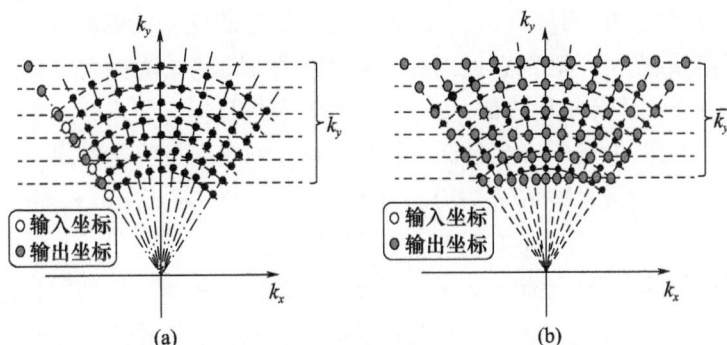

图 4.15　距离向重采样

如图 4.16 所示,方位向的重采样是针对每一个距离频点进行。重采样前,不同距离频点上,在 k_x 域的采样是不统一的,如对于某距离频点 $\bar{k}_{yi}$,在 k_x 域的采样点位置为 $\bar{k}_{yi}\tan\theta$,因此采样位置随着 $\bar{k}_{yi}$ 的变化而变化。通过重采样后,希望针对不同距离频点,输出统一的 k_x 坐标。假设输出 k_x 坐标统一为 $\bar{k}_x$,则对于第 i 个距离频点 $\bar{k}_{yi}$,重采样时方位输入坐标为 $\bar{k}_{yi}\tan\theta$,输出坐标为 $\bar{k}_x$ 。对每一个频点都做上述重采样处理,就可以得到统一的 k_x 域均匀采样数据,如图4.16所示。

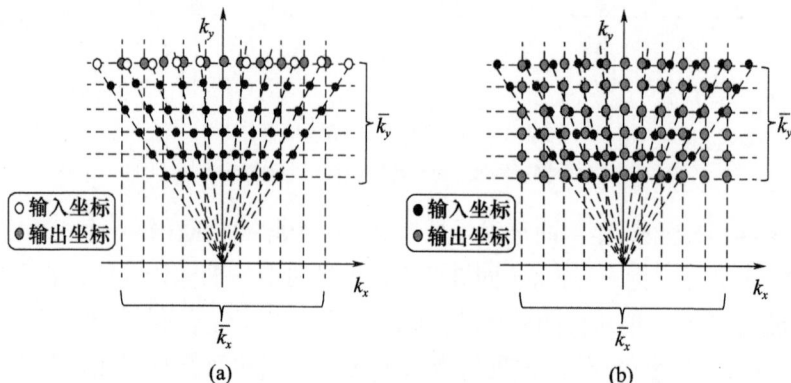

图 4.16　方位向重采样
（a）方位重采样前；（b）方位重采样后。

4.2.5　两维点目标响应

对于空域范围有限的目标,其频谱支撑区理论上是无限的,因此只有得到整个频域范围内的所有频谱值,才能重构得到目标的完全精确图像。但对于实际物理观察系统,由于观察频谱两维支撑区有限,因此无法得到目标的精确重构结果。基于傅里叶重构成像,实际得到的图像是目标有限观察两维频谱的逆傅里叶变换结果,它等于真实目标函数与点目标响应函数的卷积,即

$$\hat{g}(x,y) = F^{-1}\{G(k_x,k_y)\cdot\Pi(k_x,k_y)\} = g(x,y)\otimes\mathrm{psf}(x,y) \quad (4.62)$$

$$\mathrm{psf}(x,y) = F^{-1}\{\Pi(k_x,k_y)\} \quad (4.63)$$

对于理想的点目标,有 $g(x,y)=\delta(x,y)$,通过式(4.62)得到的目标重构图像为 $\hat{g}(x,y) = \mathrm{psf}(x,y)$,该函数称为点目标响应函数。根据式(4.63)点目标响应函数由频域观察窗函数决定,当观察窗函数不同时,系统具有不同的点目标响应。在4.2.3节,已经得知实际SAR系统观察到的目标频谱窗函数为扇环形状,考虑到实际上一般SAR系统发射信号载频要远大于带宽,观察转角通常很

小,因此扇环通常可以近似为矩形窗,即

$$\Pi(k_x, k_y) \approx \mathrm{rect}\left(\frac{k_x}{\Delta k_x}, \frac{k_y}{\Delta k_y}\right) \tag{4.64}$$

在此近似条件下,点目标响应函数为两维 sinc 函数,如图 4.17 所示。

$$\mathrm{psf}(x, y) = \mathrm{sinc}\left(\frac{\Delta k_x}{2\pi}x\right) \cdot \mathrm{sinc}\left(\frac{\Delta k_y}{2\pi}y\right) \tag{4.65}$$

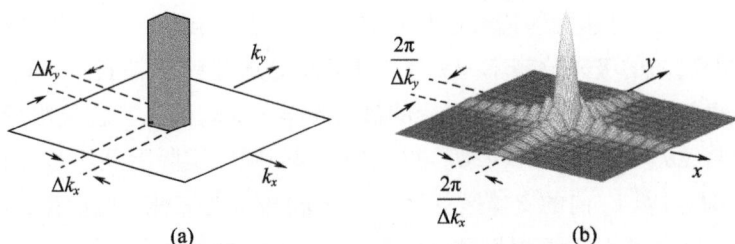

图 4.17　矩形频谱支撑区及对应的两维点目标响应
(a)矩形频谱支撑区;(b)两维点目标响应。

4.2.6　理论分辨率及分辨率极限

根据 4.2.5 节的分析,一个理想的点目标(两维冲激函数),通过观察系统成像后在图像中不再是一个理想的点,而是由点目标响应函数决定的一个变"胖"了的弥散图像。因此,当空间中两个不同位置的点之间的距离减小时,其图像可能由于弥散而存在部分重叠,导致无法将两个点分辨出来。对相邻点的空间分辨能力取决于点目标响应函数的主瓣宽度,主瓣宽度越窄,空间分辨能力越好。根据前述傅里叶重构基础,通过逆傅里叶变换得到的点目标响应函数取决于频谱的支撑区宽度,每一个方向上的空间分辨率是其对应频谱支撑区宽度的倒数(如果频谱是角频率表示则再乘以 2π)。具体而言,距离向的分辨率取决于距离向的观察频谱带宽,方位向的分辨率取决于方位向的观察频谱宽度。由 4.2.3 节可知,实际观察系统观察得到的两维频谱在 k_y 方向的支撑区宽度是 $\Delta k_y = 4\pi B_f/c$,k_x 方向的支撑区宽度是 $\Delta k_x = 4\pi \Delta\theta/\lambda$,因此可以分别得到两个方向的分辨率,即距离和方位分辨率分别为

$$\rho_y = \frac{2\pi}{\Delta k_y} = \frac{c}{2B_f} \tag{4.66}$$

$$\rho_x = \frac{2\pi}{\Delta k_x} = \frac{\lambda}{2\Delta\theta} \tag{4.67}$$

根据式（4.66），合成孔径雷达距离向的分辨率完全取决于发射信号带宽，与带宽的倒数成正比，带宽越大，分辨率越高。根据式（4.67），方位分辨率则取决于两个因素，其中：一个因素是与发射信号波长（载频）有关，波长越短，越容易获得高的方位分辨率；另一个因素是雷达观察目标的转角大小，观察的转角越大，方位分辨率越高。

根据式（4.66）可知，距离分辨率随着带宽的增加可以无限改善，但实际上由于受载频限制，雷达发射信号的理论带宽最大也不会超过 2 倍于载频，因此可以得到距离向的极限分辨率为 $\lambda/4$。对于方位分辨率，在波长一定条件下，分辨率由观察转角决定，由于观察目标的最大转角为 2π，那么方位极限分辨率是不是就是将 $\Delta\theta = 2\pi$ 代入式（4.67）得到的 $\lambda/4\pi$ 呢？实际上还不是，因为推导式（4.67）时，计算 k_x 向的支撑区宽度 $\Delta k_x = 4\pi\Delta\theta/\lambda$ 是一种近似计算方法，只有在 $\Delta\theta$ 较小时才成立。根据图 4.13，不难得到 k_x 向的支撑区宽度最大值为 $\Delta k_x = 8\pi/\lambda$（忽略带宽效应），因此代入式（4.67）算得的方位理论分辨率极限也为 $\lambda/4$。

4.2.7　相干斑效应和多视处理

对于实际雷达，雷达输出图像中的每一个像素的像素值实际上是一个两维分辨单元内所有散射点的点目标响应在像素中心位置处的叠加。尽管实际场景中相邻两个分辨单元内的散射点数和散射强度往往可能变化并不大（目标边界处除外），在光学成像这种非相参成像结果中图像亮度变化较为缓慢，但 SAR 成像是一种相参成像，分辨单元内每一个散射点的点目标响应的叠加都是复数叠加，而且各个散射点的相位变化是杂乱无章的，一方面各个散射点本身的复散射系数可能各不相同，另一方面点目标响应本身也存在一个跟目标到雷达的距离有关的相位调制。这就导致即使相邻像素对应分辨单元内散射点个数和散射幅度可能相近，但最终复数叠加后的幅度呈现随机性变化，从而导致 SAR 图像不像光学图像那么光滑连续，而是呈现出很强的颗粒感，这种幅度的随机起伏效应称为相干斑效应。

抑制相干斑效应的一种常用手段是采用多视处理。多视处理利用了 SAR 成像的全息特性。也就是说，雷达获取的目标两维频谱中的任意一部分，都能够重构整个场景的图像。因此，可以将获取的整个两维频谱数据分成多个部分，每一部分都可以通过逆傅里叶变换得到整个波束照射场景的一个完整图像。多视处理将每一个频谱子孔径数据重构得到图像再进行非相参叠加，即将子孔径图像取模后相加,可以有效抑制相干斑效应,如图 4.18 所示。

多视处理带来的一个损失是成像分辨率会降低,因为每一个子图像都只是利用了部分频谱数据,而最后的子图像融合也是非相参积累,因此最终分辨率就是子孔径数据频谱宽度决定的分辨率。由于雷达距离分辨率由发射信号带宽决定,相对珍贵,而方位分辨率可通过采取更长的合成孔径时间来实现,成本相对较低,因此实际系统中通常的做法是只在方位维划分子孔径来确保距离维是全分辨率,方位维则通过采取处理更长的合成孔径来确保子孔径分辨率能满足分辨率需求。

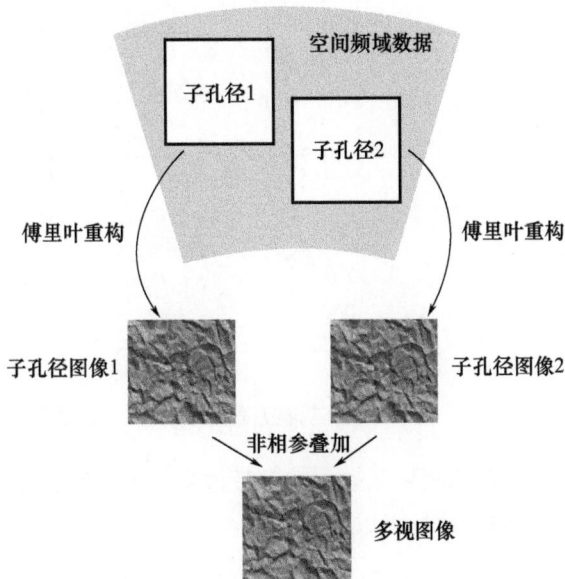

图 4.18　多视处理示意图

4.2.8　扩展到三维成像几何

对于实际的机载和星载雷达,由于雷达飞行航迹和成像目标所在地平面不在同一平面内,因此实际雷达成像几何必然是三维的。假设雷达三维数据采集几何如图 4.19 所示,将雷达照射场景中心定义为坐标原点,地平面定义为 XY 平面,不考虑目标有高度起伏,即目标都位于同一地平面内,其三维散射函数可以用 $f(x,y,z)=g(x,y)\cdot\delta(z)$ 表示(实际成像只需要估计出两维分布函数 $g(x,y)$ 即可)。雷达飞行过程中其瞬时位置记为 $[x(t),y(t),z(t)]$,其相对于场景中心的斜距、方位角和俯仰角分别为 $r_c(t),\theta(t)$ 和 $\varphi(t)$。目标函数沿雷达视线方向（由 $[\cos\varphi(t)\sin\theta(t), \cos\varphi(t)\cos\theta(t), \sin\varphi(t)]$ 决定）的投影函数可表示为

$$p_{\theta,\varphi}(r) = \iiint f(x,y,z) \cdot \delta[r - x\cos\varphi(t)\sin\theta(t) - y\cos\varphi(t)\cos\theta(t) - z\sin\varphi(t)]\,\mathrm{d}x\mathrm{d}y\mathrm{d}z \tag{4.68}$$

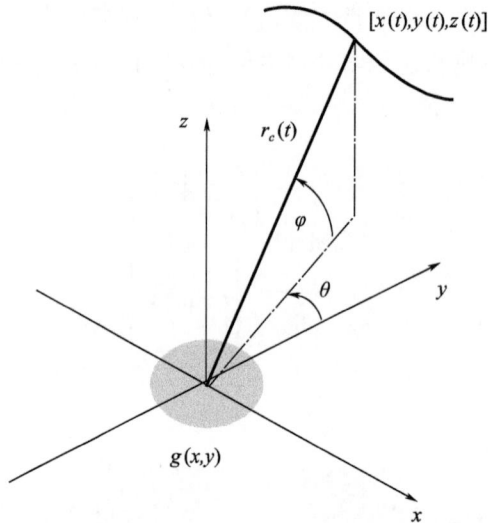

图 4.19   三维数据采集几何

同样假设雷达发射调制到载频上的宽带信号 $s(\tau)$，在平面波前假设和滑窗接收条件下，其两维回波信号可以表示为

$$Q(t,\tau) = \int p_{\theta,\varphi}(r) \cdot s\left(\tau - \frac{2r}{c}\right)\mathrm{d}r \tag{4.69}$$

将回波数据变换到距离频率并通过匹配滤波去除发射信号频谱项后，信号变为

$$Q(t,f_\tau) = \iiint f(x,y,z) \cdot \exp\left\{ -\mathrm{j}\frac{4\pi}{c}(f_0 + f_\tau)(x\cos\varphi\sin\theta + y\cos\varphi\cos\theta + z\sin\varphi) \right\}\mathrm{d}x\mathrm{d}y\mathrm{d}z \tag{4.70}$$

为简化符号，这里忽略幅度并省略掉了方位角和俯仰角的时间依赖性表示。

定义 $k_r = 4\pi(f_0 + f_\tau)/c$，则式（4.70）可以重新写为

$$Q(t,f_\tau) = F(k_r\cos\varphi\sin\theta, k_r\cos\varphi\cos\theta, k_r\sin\varphi) \tag{4.71}$$

式中：$F(k_x,k_y,k_z) = \iiint f(x,y,z) \cdot \exp\{-\mathrm{j}(x \cdot k_x + y \cdot k_y + z \cdot k_z)\}\mathrm{d}x\mathrm{d}y\mathrm{d}z$ 为目标函数的三维频谱。

因此,根据式(4.71),经过处理后的两维回波信号是三维场景函数的三维傅里叶空间的两维采样切片,如图 4.20 所示,每一个脉冲的信号(对应一个固定的 θ 和 φ)对应在三维空间频率上的信号采样位置由极坐标 (k_r,θ,φ) 确定。由于在脉冲内,θ 和 φ 是固定的,但 k_r 是变化的,因此采样位置是由 θ 和 φ 确定的一条极径上一个有限范围内的采样,采样位置中心偏离原点为 $4\pi f_0/c$,采样的范围由发射信号带宽决定,大小等于 $4\pi B_f/c$。随着合成孔径时间内雷达视线的变化,空间频率域采样范围是由上述极径上有限范围采样线段扫描出的三维曲面。由于空间频率域采样极径的角度完全等同于雷达数据采集空间中雷达的视线角度,因此空间频率域的数据采集曲面的具体形状由雷达在三维数据采集空间中的空间轨迹决定。当雷达航迹是非共面曲线时,那么频率域三维数据采集面就是曲面,而当雷达航迹是直线时,空间频率域数据采集面退化为三维空间中的一个平面。

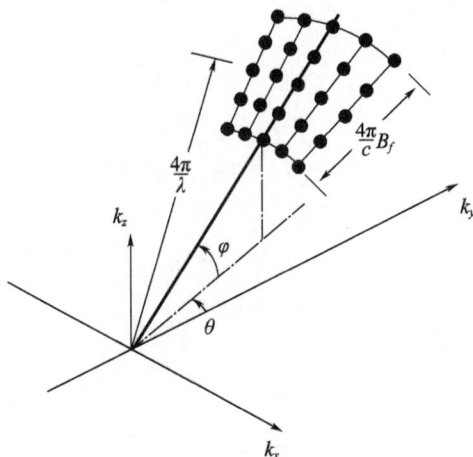

图 4.20　空间频域采样支撑区

考虑到实际目标仅分布在地平面,三维目标函数 $f(x,y,z)$ 实际上可由地平面内两维分布函数 $g(x,y)$ 确定,即 $f(x,y,z)=g(x,y)\cdot\delta(z)$,将该式代入式(4.70),并利用冲激函数的积分抽样特性,式(4.70)可以简化为

$$Q(t,f_\tau)=\iint g(x,y)\cdot\exp\left\{-\mathrm{j}\frac{4\pi}{c}(f_0+f_\tau)(x\cos\varphi\sin\theta+y\cos\varphi\cos\theta)\right\}\mathrm{d}x\mathrm{d}y$$

$$(4.72)$$

此时,问题又退化为地平面两维空间中的傅里叶重构问题,但这跟前面的两维傅里叶重构也存在一些区别,主要体现在极径上的采样位置上。在前面讨

论的两维傅里叶重构时,不同脉冲对应的空间频率域极径采样位置是固定的,即 $k_r = 4\pi(f_0 + f_\tau)/c$,而现在极径上的采样位置是逐脉冲变化的,而且幅度上变小了,即 $k_r = 4\pi(f_0 + f_\tau)\cos\varphi(t)/c$。

这种区别对目标重构有较大影响。一方面是在极坐标格式转换时,成像处理需要注意输入数据极径上采样坐标的变化。另一方面是对分辨率的影响,三维空间频谱切片投影到地平面空间频率域后,信号频谱支撑区大小发生了变化,从而影响分辨率的大小。如图 4.21 所示,给出了在地平面的频谱支撑区范围示意图。相比于图 4.13,距离向频谱宽度变为 $\Delta k_y = 4\pi B_f\cos\varphi_c/c$,方位支撑区宽度变为 $\Delta k_x = 4\pi\cos\varphi_c\Delta\theta/\lambda$,因此在地平面内,距离和方位分辨率分别为

$$\begin{cases} \rho_y = \dfrac{c}{2B_f\cos\varphi_c} \\[3mm] \rho_x = \dfrac{\lambda}{2\Delta\theta\cos\varphi_c} \end{cases} \tag{4.73}$$

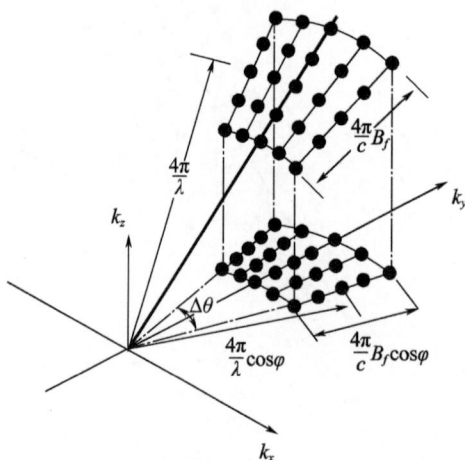

图 4.21　空间频域地平面投影采样支撑区

4.2.9　波前弯曲限制

在上面的信号建模和成像处理中,雷达波前是平面的,而实际的雷达波前是球面。这种平面波前假设近似在远场、小场景成像条件下是合理的,但当不满足远场假设时,近似误差将变得不可忽略。如果对近似误差不加以补偿,将会导致成像结果产生几何失真和目标散焦。前面介绍的两种算法中,卷积反投影算法在考虑球面波前时,只需要根据球面波前几何修改反投影参数,无须增

加运算量(将在第 5 章中详细介绍);而极坐标格式算法的推导过程必须依赖于平面波前假设,因此球面波前必须增加额外的补偿过程,这种补偿过程可以结合在成像处理算法中,也可以通过图像后处理实现。在第 5 章,还将介绍其他成像算法,它们大部分都自然地考虑了球面波前,因此无须进行波前弯曲误差的补偿。

4.3　成像模式扩展

4.3.1　斜视 SAR 成像

根据雷达波束指向与雷达飞行航迹的关系,SAR 工作模式可分为正侧视模式和斜视模式。对于聚束 SAR,雷达工作模式取决于孔径中心时刻雷达视线与雷达飞行航线之间的夹角,当两者垂直时称为正侧视,不垂直时称为斜视模式(两者平行时无法进行 SAR 成像,因此不考虑这种情况)。根据波束指向与飞行方向的夹角,斜视可分为前斜视(小于 90°)和后斜视(大于 90°)两种。这里,定义孔径中心时刻雷达波束指向与正侧视方向的夹角为斜视角,斜视角等于 0 时对应正侧视。

相比于前面讨论的正侧视模式 SAR,斜视模式 SAR 并无本质区别,主要的不同是雷达方位角位置的变化规律不同。对于常规频域成像处理算法,如距离多普勒和尺度变标算法等,因为斜视模式下距离徙动量变大,使得信号两维耦合更严重,因此算法精度和计算效率等都面临更大挑战。对于极坐标格式算法,斜视成像过程跟正侧视时并无本质区别,算法的成像精度与斜视角大小无关。算法处理过程中唯一的变化是频谱的采样支撑区发生了变化。如图 4.22 所示,在正侧视模式下,空间频率域采样支撑区只在 k_y 方向有一个偏置,在 k_x 方向没有偏置。但在斜视模式下,频谱采样支撑区两维都有偏置。

在从极坐标格式采样到矩形格式的转换过程中,输出坐标系通常有两种策略可供选择。一种策略是保持原有的坐标系,称为稳定场景插值,重采样前后的采样位置如图 4.23(a)所示。另一种策略是输出坐标系相对于原有坐标系做一个旋转,使得一个坐标轴沿孔径中心时刻雷达视线方向,这样在新的坐标系下 k_x 的偏置重新变为 0,这种插值方法称为沿视线插值,如图 4.23(b)所示。

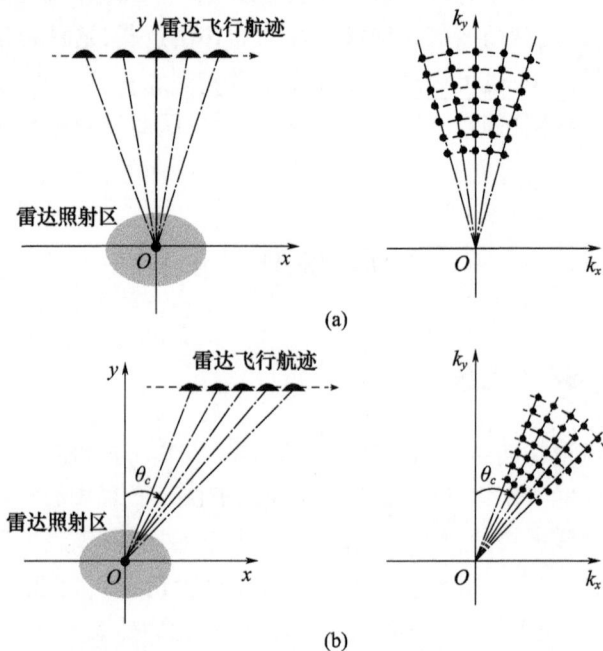

图 4.22　正侧视和斜视模式下数据采集几何和频域采样支撑区位置的区别
(a)正侧视模式下数据采集几何和空间频率域采样支撑区;
(b)斜视模式下数据采集几何和空间频率域采样支撑区。

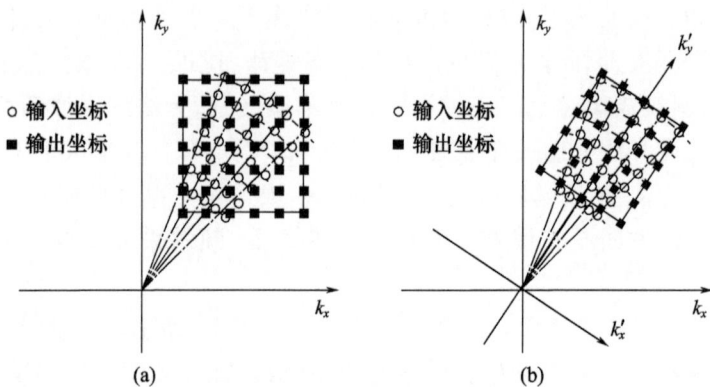

图 4.23　斜视模式下极坐标格式转换的两种方式
(a)稳定场景插值;(b)沿视线方向插值。

　　理论上,两种方法都能提供对目标的精确聚焦。但相比而言,沿视线方向插值方法还是存在两个明显的优势。一是重采样后采样范围内的无效数据最少,因为稳定场景插值下输出矩形采样范围内(假设采用外接矩形的采样输出)有更多的地方是无效数据。二是当雷达运动传感器测量精度不能满足精确聚焦要求时,目标在图像中会发生散焦(假设误差不是特别大,散焦是一维的),沿视线方向插值方法输出图像的散焦只发生在坐标轴方向,如图 4.24(b)所示,而稳定场景插值方法输出图像的散焦是沿斜方向的(虽然也是一维的散焦),如图 4.24(a)所示。因此后续采取基于图像的自聚焦处理时,对于沿坐标轴方向的散焦更容易处理,只需要采取一维自聚焦处理即可,但对于稳定场景插值方法输出的散焦图像,其散焦的能量不在同一距离分辨单元,因此后续进行自聚焦算法处理时将变得比较困难。鉴于上述两个优势,沿视线插值方法在实际工程中得到了更多的应用。

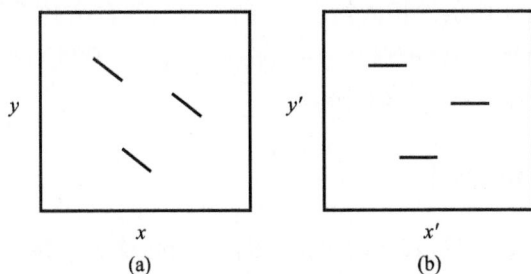

图 4.24 不同坐标系下的图像散焦

(a)稳定场景坐标系散焦图像;(b)视线坐标下散焦图像。

斜视模式跟正侧视模式的另一个区别是同样的合成孔径长度下方位分辨率将下降。如图 4.25 所示,假设合成孔径长度均为 L,雷达到目标的距离均为 R,则对于正侧视和斜视模式在合成孔径时间内雷达相对目标的观察转角分别为

$$\begin{cases} \Delta\theta_{\text{broadside}} \approx \dfrac{L}{R} \\[2mm] \Delta\theta_{\text{squint}} \approx \dfrac{L}{R}\cos\theta_c \end{cases} \tag{4.74}$$

式中:θ_c 为斜视角。

根据分辨率公式 $\rho_a \approx \lambda/(2\Delta\theta)$,则可得到正侧视和斜视模式下的分辨率关系,即

$$\rho_{\text{squint}} \approx \frac{\rho_{\text{broadside}}}{\cos\theta_c} \tag{4.75}$$

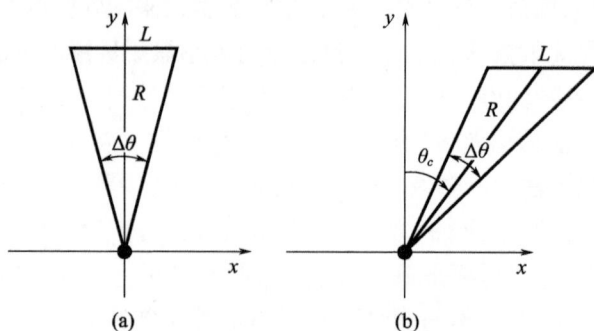

图 4.25　正侧视和斜视模式下雷达观察目标转角
（a）正侧视模式；（b）斜视模式。

也就是说，在其他条件相同情况下，斜视模式下的方位分辨率要比正侧视模式下差，斜视角越大，分辨率越差。也就是说，方位要达到同样的分辨率，斜视模式下需要更长的合成孔径长度。

4.3.2　双基 SAR 成像

常规 SAR 雷达发射机和接收机位于同一平台，称为单基 SAR。如果将发射机和接收机分别放置于不同平台，则称为双基 SAR。相比于单基 SAR，双基 SAR 也有一些独特的优势。例如，单基 SAR 测量的是目标的后向散射特性，而双基 SAR 不是，因而可以提供关于目标的不同信息，成为单基 SAR 的有益补充。又如，双基 SAR 可以将发射机后置，接收机前置（接收机工作在无源模式，不容易被敌方探测到），提高雷达的生存能力。

然而，相比于单基 SAR，双基 SAR 成像系统的实现要复杂得多。一方面，SAR 数据采集系统涉及发射机和接收机的时间、空间和相位同步难题，同步精度直接影响最终的成像性能，这极大地增加了系统实现的难度。另一方面，任意双基构型下，目标回波信号的两维频谱很难得到精确的解析解，使得很难在频域实现精确高效的成像信号处理，因此目前针对双基任意构型 SAR 成像处理，主要采用时域算法及其改进算法，这类算法虽然能满足成像精度要求，但计算效率极低。

极坐标格式算法介于时域算法和频域算法之间，既具有时域算法在任意双基构型下的成像能力，又具有频域算法的高计算效率，因此极坐标格式算法是双基 SAR 成像处理的一种比较理想的算法。同时，从极坐标格式算法处理角度出发，能更好地揭示双基 SAR 成像处理的傅里叶重构本质。

假设如图 4.26 所示数据采集几何,不失一般性,假设发射机和接收机独立地以任意航迹飞行,在任意方位时刻 t,发射机和接收机到场景中心点的斜距分别为 $\bar{r}_{\mathrm{T}}(t)$ 和 $\bar{r}_{\mathrm{R}}(t)$,方位角分别为 $\theta_{\mathrm{T}}(t)$ 和 $\theta_{\mathrm{R}}(t)$。假设场景中有一理想点目标,位置为 (x_p,y_p),则目标函数可以表示为 $g(x,y)=\delta(x-x_p,y-y_p)$,发射机和接收机到该目标的斜距分别记为 $r_{\mathrm{T}}(t)$ 和 $r_{\mathrm{R}}(t)$。

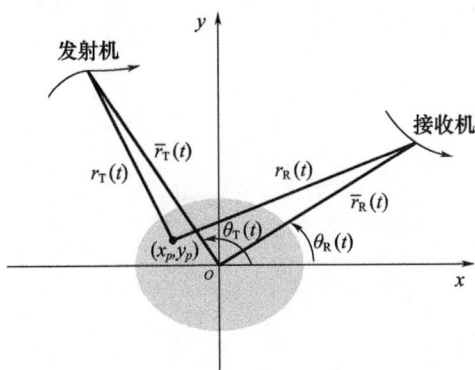

图 4.26　双基 SAR 数据采集几何

同样,假设雷达发射线性调频信号,回波信号经过解调去掉载频后可以表示为

$$Q(t,\tau)=\mathrm{rect}\left(\frac{\tau-\tau_0(t)}{T}\right)\cdot\exp\{\mathrm{j}\pi k\left[\tau-\tau_0(t)\right]^2\}\cdot\exp\{-\mathrm{j}2\pi f_0\tau_0(t)\}$$

(4.76)

式中:$\tau_0(t)=\left[r_{\mathrm{T}}(t)+r_{\mathrm{R}}(t)\right]/c$ 为回波信号时间延迟。

回波信号经过距离向傅里叶变换处理变换到频域并匹配滤波后,可以表示为

$$Q(t,f_\tau)=\mathrm{rect}\left(\frac{f_\tau}{B_f}\right)\cdot\exp\left\{-\mathrm{j}\frac{2\pi}{c}(f_0+f_\tau)\left[r_{\mathrm{T}}(t)+r_{\mathrm{R}}(t)\right]\right\}\quad(4.77)$$

以场景中心为参考进行两维相位补偿,使场景中心点回波信号相位变为零,则补偿后的信号变为

$$Q(t,f_\tau)=\exp\left\{\mathrm{j}\frac{2\pi}{c}(f_0+f_\tau)\left[\bar{r}_{\mathrm{T}}(t)+\bar{r}_{\mathrm{R}}(t)-r_{\mathrm{T}}(t)-r_{\mathrm{R}}(t)\right]\right\}\quad(4.78)$$

为简化符号,式(4.78)忽略了幅度项。类似于单基 SAR,在平面波前假设条件下,差分距离可以近似为

$$\bar{r}_{\mathrm{T}}(t)+\bar{r}_{\mathrm{R}}(t)-r_{\mathrm{T}}(t)-r_{\mathrm{R}}(t)\approx x_p(\sin\theta_{\mathrm{T}}+\sin\theta_{\mathrm{R}})+y_p(\cos\theta_{\mathrm{T}}+\cos\theta_{\mathrm{R}})$$

(4.79)

因此式(4.78)可以重写为

$$Q(t,f_\tau) = \exp\left\{ j\frac{2\pi}{c}(f_0 + f_\tau)\left[x_p(\sin\theta_T + \sin\theta_R) + y_p(\cos\theta_T + \cos\theta_R) \right] \right\}$$

(4.80)

利用和差化积公式,式(4.80)可以重写为

$$Q(t,f_\tau) = \exp\left\{ j\frac{4\pi}{c}(f_0 + f_\tau)\cos\left(\frac{\theta_T - \theta_R}{2}\right)\left[x_p\sin\left(\frac{\theta_T + \theta_R}{2}\right) + y_p\cos\left(\frac{\theta_T + \theta_R}{2}\right) \right] \right\}$$

(4.81)

定义

$$\begin{cases} k_r = \dfrac{4\pi}{c}(f_0 + f_\tau)\cos\left(\dfrac{\theta_T - \theta_R}{2}\right) \\ \theta_b = \dfrac{\theta_T + \theta_R}{2} \end{cases}$$

(4.82)

式(4.81)可以重写为

$$Q(t,f_\tau) = \exp\left\{ jk_r\left[x_p\sin(\theta_b) + y_p\cos(\theta_b) \right] \right\}$$

(4.83)

式(4.83)表示目标函数在极坐标系下的傅里叶变换。在空间频率域的采样位置由式(4.82)确定,对于任意一个脉冲(对应固定的方位时间),由于发射机和接收机方位角固定,因此信号在固定的极角上采样,极角位置为由发射机和接收机方位角确定的双基角位置(发射机和接收机的角平分线位置)。在极径向的采样位置跟单基条件下只跟发射信号频谱形式有关不同,双基条件下既跟发射信号载频和带宽有关,还与发射机和接收机的视角差有关,如图4.27所示。当视角差为零(对应单基情况)时,极径上有由信号带宽决定的最大采样范围,随着视角差增加,极径向的采样范围逐渐缩小。当视角差达到180°时,极径向的采样范围变为零,此时距离向分辨能力消失。

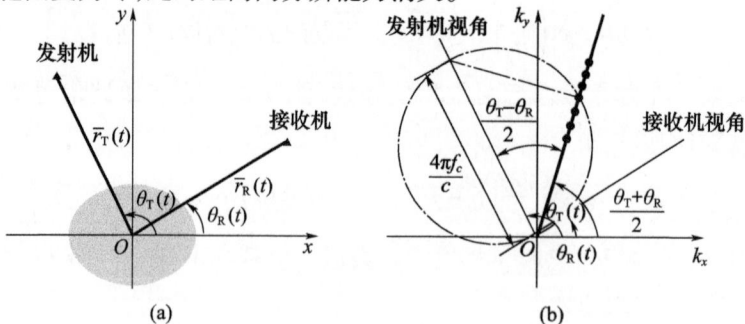

图4.27 双基SAR单个脉冲数据采集几何及空间频域采样位置
(a)数据采集几何;(b)空间频域采样。

　　随着合成孔径时间内雷达发射机和接收机视角的改变,极径向的采样位置扫描出一个两维采样支撑区,如图 4.28 所示给出了发射机固定和接收机运动情况下在两维空间频率域的采样支撑区范围。

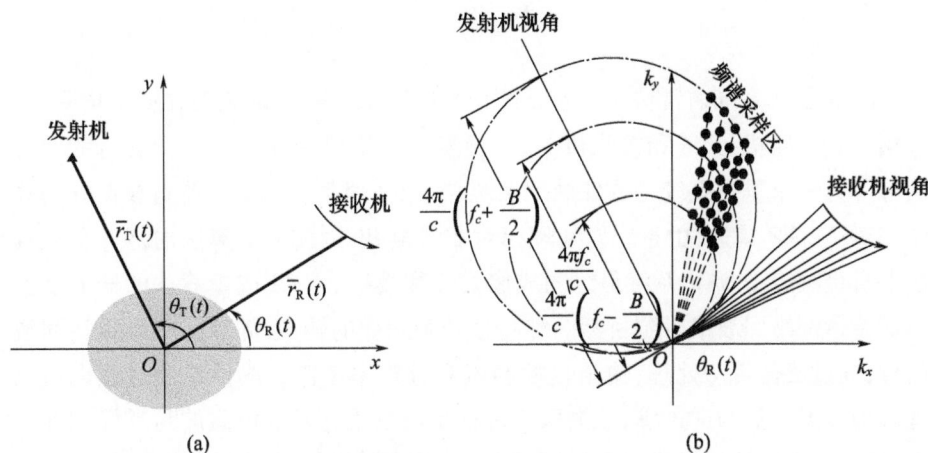

图 4.28　双基 SAR 数据采集几何及空间频域两维采样支撑区
(a)数据采集几何;(b)空间频域采样。

　　通过上述分析可知,双基 SAR 数据经过预处理后,也是目标函数两维频谱空间的一个离散采样,因此要重构图像,同样也可以经过逆傅里叶变换实现。与单基 SAR 类似,由于空间频率域采样位置也是极坐标格式的,因此要通过快速逆傅里叶变换重构目标图像,同样需要将极坐标格式采样数据转换成矩形采样格式。因此对于双基 SAR 的成像处理,极坐标格式算法处理基本流程跟单基 SAR 完全相同,唯一区别是在空间频域的极坐标格式采样位置跟单基 SAR 略有区别。

第5章 统一框架下的 SAR 成像算法实现

  SAR 雷达系统通常被认为包含两个大的系统。一个系统是数据采集系统，包括雷达发射机、天线和接收机等，负责发射电磁信号并记录目标反射的回波信号。另一个重要系统是成像处理系统，成像处理系统的核心就是成像处理算法。对于 SAR 雷达，由于成像处理相对非常复杂，因此成像算法的好坏很大程度上直接决定了 SAR 系统最终的成像质量和效率。SAR 成像算法的任务是实现从雷达两维回波信号到目标两维高分辨率图像的转换，即输入两维雷达回波信号，通过成像算法处理，输出目标两维高分辨率图像。成像处理过程也可以理解为数据采集的逆过程，数据采集过程是通过雷达发射电磁波与目标相互作用，将目标空域信息转换成雷达回波信号（实际接收回波信号是目标信息与发射信号的两维卷积过程），而成像处理则为其逆过程，将雷达回波信号转换成目标信息（可以理解为一个逆卷积过程，去掉发射信号信息，保留目标信息）。

  经过几十年的发展，目前已发展出众多 SAR 成像处理算法，根据成像处理主要步骤处理所在的域不同，成像算法可以分为时域类算法和频域类算法。时域类算法的典型代表是时域相关法和滤波反投影算法（Filtered BackProjection，FBP），其中：时域相关法本质上就是直接在两维时域进行匹配滤波处理，因此具有最好的聚焦精度，但由于成像过程在两维都要对目标进行逐像素计算，因此该算法计算效率极低，几乎没有工程应用价值；而滤波（卷积）反投影算法利用了距离向处理的空不变特性，通过 FFT/IFFT 实现距离向的快速滤波，但方位向仍然是传统的时域相关处理，因此该算法相比两维相关法计算效率有了很大提高，但由于方位向处理仍然需要逐像素计算，因此该算法的计算效率仍然比较低。频域类算法则通过对数据进行一定的特殊处理或者近似，消除滤波器空变性，最后通过 FFT/IFFT 操作实现批处理，避免了逐像素操作，可以极大地提高算法的计算效率。目前典型的频域 SAR 算法有距离多普勒算法（Range Doppler Algorithm，RDA）、尺度变标算法（Chirp Scaling Algorithm，CSA）、距离徙动算法（Range Migration Algorithm，RMA）、极坐标格式算法（Polar Format Algorithm，PFA）以及衍生出的各种改进算法。

  本章首先简要介绍一下 SAR 算法的衍化历程，然后将目前已得到广泛应用的几个经典算法从统一的傅里叶重构角度给出详细解释,并比较各个算法之间的异同。考虑到距离多普勒算法和尺度变标算法本质上是距离徙动算法的一个近似,而且这两个算法在大量已有著作中都有很系统的讲解,因此这里对这两种算法不再做详细介绍。球面几何算法(Spherical Geometry Algorithm,SGA)是本书作者最新提出的一个算法,该算法是一个专门针对星载成像几何提出的算法,能够解决星载高分宽幅成像所面临的弯曲轨道和球面地表等成像难题,具有重要的理论意义和工程应用价值。该算法与以往经典算法相比具有完全不同的处理思路,但仍然可以归纳在傅里叶重构框架下,因此也将对算法进行一个详细的介绍。

5.1　算法衍化

SAR成像算法的衍化主要是针对雷达到目标的距离历程的不同近似展开的,如图5.1所示。

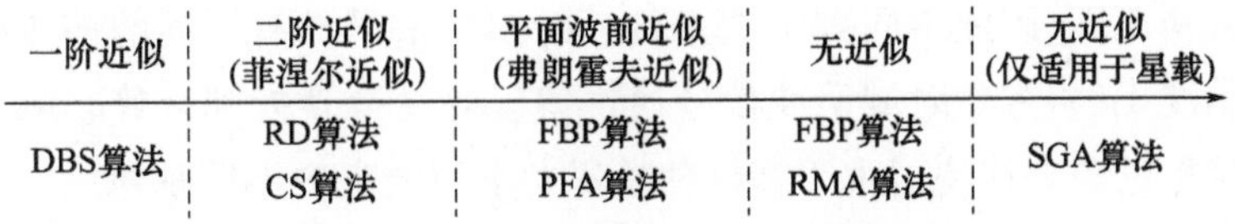

一阶近似	二阶近似 (菲涅尔近似)	平面波前近似 (弗朗霍夫近似)	无近似	无近似 (仅适用于星载)
DBS算法	RD算法 CS算法	FBP算法 PFA算法	FBP算法 RMA算法	SGA算法

图5.1　SAR成像算法衍化进程图

最早提出的多普勒波束锐化算法对距离历程进行了一阶线性近似,认为每个目标的多普勒频率是常数,该算法近似误差最大,被称为非聚焦型SAR处理。为了改进算法精度,对距离历程进行了二阶泰勒展开近似,认为每个目标点的多普勒频率随方位时间线性变化,提出了针对多普勒频率变化进行补偿的距离多普勒算法。尺度变标算法是对距离多普勒算法在计算效率方面的改进,对距离历程则采用了相同的二阶近似。后来,为了进一步提高精度,还发展出了采用三阶甚至四阶泰勒展开模型的距离多普勒算法和尺度变标算法。极坐标格式算法则采用了另外一种完全不同的距离历程近似策略,它通过假设雷达波前是平面波前来计算目标到雷达的距离。卷积(滤波)后向反投影算法最早也是针对平面波前假设下提出来的,后来扩展到了球面波前条件下,在SAR成像领域两者采用了相同的名字。在其他领域,球面波前下的卷积后向反投影算法也被称为卷积后向传播算法。上述算法中,除了卷积反投影算法可以扩展外,其他算法都假设雷达成像的目标场景是平面的。而对于星载SAR,特别是中高轨星载 SAR,雷达波束照射范围很宽,当成像幅宽达到几百千米甚至上千千米范围时,平地假设往往不再成立。为此,又提出了专门针对星载球面地表成像的球面几何算法。

1. 一阶线性近似算法——多普勒波束锐化(DBS)

在 SAR 成像概念提出之前,距离向的高分辨率已经可以通过发射宽带信号并对回波信号进行匹配滤波实现,但方位向的高分辨率一直没有找到好的实现方法。直到 1951 年,美国人 C. A. Wiley 提出了多普勒波束锐化(DBS)的概念,才使得高方位分辨成像成为可能,DBS 是 SAR 最早的雏形。现在看来,该方法思路非常简单,就是当方位位置不同的目标回波信号在时域不能区分的时候,可以考虑变换到频域(多普勒域)来区分。当然,要在多普勒频域来区分目标,前提是不同目标信号要具有不同的多普勒频率。如果雷达静止不动且目标也静止(如对地成像),则目标和雷达之间没有相对运动,因此多普勒频率均为零,在此情况下即使将回波信号变换到多普勒域,也无法实现高分辨率。但如果将雷达运动起来,虽然雷达速度可能是恒定的,但由于不同方位位置的目标相对雷达的视角不同,因此不同方位位置目标的回波信号具有不同的多普勒频率。在这种情况下,将方位时域回波信号通过傅里叶变换转换到多普勒域,就能实现方位目标的高分辨率。由于多普勒频率大小与波束内不同视角一一对应,因此将信号变换到多普勒域,也可以等效看成是将原有宽的雷达波束分解成了指向不同的窄波束,故该算法被称为多普勒波束锐化算法。多普勒波束锐化算法假设在合成孔径时间内每一个点目标的多普勒频率是固定的,那么在合成时间内目标到雷达的双曲距离历程可以近似为随方位时间线性变化。

2. 二阶菲涅尔近似算法——距离多普勒算法及其改进尺度变标算法

多普勒波束锐化在频域分辨方位位置不同的目标,因此频率分辨率就直接决定了目标方位分辨率。根据傅里叶变换理论,频率域的分辨率取决于在时域观察信号的时间宽度,在时间域的观察时间越长,频率域分辨率就越高。然而,由于雷达的运动,随着观察时间的增加,雷达和目标之间的视角也随之改变,因此同一个点目标的多普勒频率会发生变化,不能再认为是固定不变的。或者等效地,随着合成孔径时间的增加,目标到雷达的双曲距离历程不能再近似为线性的,而必须要考虑高阶项的影响。在不对高阶项进行补偿的情况下,如果仍然采用简单的多普勒波束锐化处理,则会导致目标成像结果出现散焦,严重影响目标的高分辨率。

考虑高阶项最简单的方式是将双曲距离历程做二阶泰勒展开近似(在光学

里通常称为 Fresnel 近似),在成像处理时补偿其中的二阶项带来的多普勒频率变化以及产生的距离徙动,由此发展出了距离多普勒算法。后续还对距离多普勒算法进行了改进,其中:一种改进是泰勒展开时保留三阶甚至四阶项,使算法具有更高的精度;另一种改进是避免距离多普勒算法在进行空变距离徙动校正时需要插值操作,发展出了尺度变标算法,通过增加一些复数乘和 FFT 操作代替插值操作,极大地提高了算法的计算效率。

3. 平面波前近似算法——极坐标格式算法(PFA)

不同于泰勒展开近似,对距离历程的另一种近似方式是将雷达实际球面波前近似成平面波前(在光学里这种近似被称为弗朗霍夫近似),这种近似在对远场小场景成像时是合理的,因此特别适合聚束模式 SAR 小场景成像。由此发展出来的算法有极坐标格式算法和平面波前假设下的卷积反投影算法。极坐标格式算法兼具时域算法和频域算法的优点,既有时域算法在非线性航迹条件下的高精度成像能力,也具有频域算法的高计算效率,具有极好的工程应用价值。但该算法也存在一个重要缺陷,就是算法采用的平面波前近似会导致成像结果出现几何失真和目标空变散焦,严重限制了其有效成像范围。

4. 无近似精确成像算法——卷积反投影算法和距离徙动算法

随着分辨率和成像幅宽的不断提高,上述近似成像算法仍然不能满足精确聚焦要求,为此发展出了无近似成像算法,典型算法包括时域的卷积反投影算法和频域的距离徙动算法。卷积反投影算法,也称为滤波反投影算法,直接在方位时域对地面波束照射区域逐像素进行相参积累处理,可以适用于任何雷达航迹和任何雷达模式,因此单从聚焦精度方面来说,该算法是最理想的算法之一,但该算法没有利用 FFT/IFFT 进行批处理,计算效率极低,极大地限制了该算法在实际工程上的应用。距离徙动算法,也称为 ω-k 算法或者 Stolt 格式算法,是一种在频域实现的精确成像处理算法,既有完美的聚焦精度也有很好的计算效率,是一种接近理想的成像处理算法。该算法最主要的缺陷是只能适用于线性雷达航迹,当雷达航迹存在扰动时,需要增加复杂的运动补偿处理。

5. 星载球面几何算法

目前得到广泛应用的星载 SAR 成像算法几乎都是借鉴于机载 SAR,这些算法除了时域算法,几乎都采用了两个基本假设:一是雷达平台直线飞行假设;二是成像目标区的平地假设。而对于星载 SAR,随着雷达分辨率的提高,合成孔径时间变长,传统的直线飞行假设显然不再成立,必须考虑卫星轨道的圆弧或者椭圆弧效应,即曲线轨迹下的成像处理。另外,随着雷达成像场景幅宽的增加,特别是近年来中高轨 SAR 卫星提上议事日程,雷达成像幅宽从传统的几十千米量级提高到数百千米甚至数千千米量级,在这么大的成像场景条件下,传统的平地假设也不再成立。因此现有算法很难高效精确地实现星载 SAR 在这些复杂条件下的成像处理。为了解决上述难题,本书作者提出了一种专门针对星载 SAR 成像几何的算法——球面几何算法,该算法直接在地球球面几何上建立信号模型,揭示了雷达回波信号与目标函数之间的精确傅里叶变换关系,并基于这种关系提出了基于傅里叶重构的高效精确成像算法。

5.2　算法统一框架

上述算法处理步骤各不相同,处理思路也五花八门,除了距离多普勒算法、尺度变标算法和距离徙动算法有明显的关系外,其他算法看起来似乎各不相关。但实际上,上述各算法本质上并无大的区别,都是基于两维匹配滤波的处理思路。至少可以从以下两个角度将它们统一起来。

(1)从傅里叶重构角度统一。上述所有算法,都可以理解成先对两维回波数据进行变换和处理,得到目标函数的两维频谱,然后再通过逆傅里叶变换实现对目标的两维成像,如图 5.2 所示。

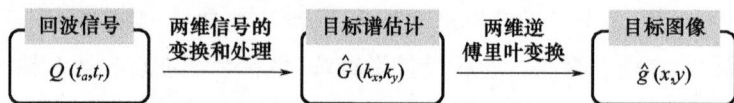

图 5.2　傅里叶重构统一框架

由于逆傅里叶变换过程相对简单,因此,成像处理过程的核心是实现从雷达两维回波数据到目标函数两维频谱的转换,不同算法(特别是频域类算法)的主要区别也就体现在这个转换过程的不同。

(2)从两维回波信号的两维解耦和相参积累的角度统一。假设场景中任意一个理想的点目标,其回波能量都分散在两维回波信号中,从而导致回波信号中目标分辨能力很差。成像处理的过程,就是希望将目标分散在两维回波信号中的能量重新在目标所在位置处相参积聚起来,这不仅可以改善对目标的两维分辨,还能提高目标信号的信噪比。由于点目标的两维回波信号存在复杂的相位调制,因此要实现相参积累,核心是去除相位差异,实现不同信号在目标点的相参积累。时域类算法是选择针对目标区每个像素点,在两维回波中找到其分散的能量,补偿所有相位后直接同相叠加。而频域类算法则通过两步实现信号的相参积累,第一步是选择在某个域(两维时域或者两维频域或者混合域)对两维相位进行解耦合去除高阶相位,使两维相位均变为线性的,且每个维度的线性项系数与目标的一个维度位置线性相关,如图 5.3 所示,第二步是通过(逆)傅里叶变换实现信号的相参积累(傅里叶变换或者逆傅里叶变换实现都是针对每个点补偿线性相位再累加,因此可以理解成专门针对线性相位信号的相参积累)。

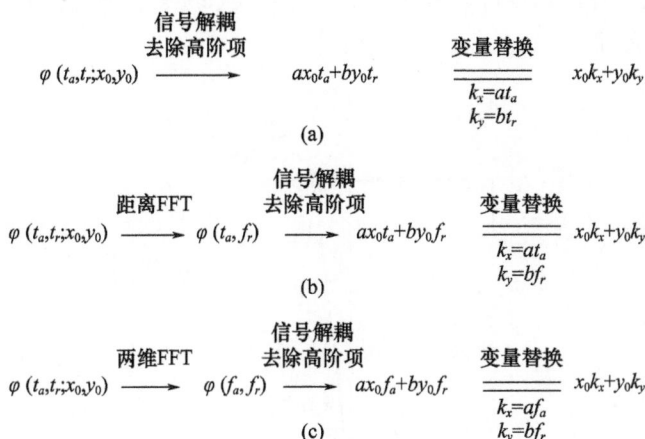

$$\varphi(t_a, t_r; x_0, y_0) \quad \xrightarrow[\text{去除高阶项}]{\text{信号解耦}} \quad ax_0 t_a + by_0 t_r \quad \xrightarrow[\substack{k_x = at_a \\ k_y = bt_r}]{\text{变量替换}} \quad x_0 k_x + y_0 k_y$$

(a)

$$\varphi(t_a, t_r; x_0, y_0) \quad \xrightarrow{\text{距离FFT}} \quad \varphi(t_a, f_r) \quad \xrightarrow[\text{去除高阶项}]{\text{信号解耦}} \quad ax_0 t_a + by_0 f_r \quad \xrightarrow[\substack{k_x = at_a \\ k_y = bf_r}]{\text{变量替换}} \quad x_0 k_x + y_0 k_y$$

(b)

$$\varphi(t_a, t_r; x_0, y_0) \quad \xrightarrow{\text{两维FFT}} \quad \varphi(f_a, f_r) \quad \xrightarrow[\text{去除高阶项}]{\text{信号解耦}} \quad ax_0 f_a + by_0 f_r \quad \xrightarrow[\substack{k_x = af_a \\ k_y = bf_r}]{\text{变量替换}} \quad x_0 k_x + y_0 k_y$$

(c)

图 5.3　信号相参积累统一框架

前述各种成像算法都能从上述两种角度来解释,各算法的不同主要体现在聚焦处理在不同的域进行解耦合消除高阶项,以及对距离历程采用不同的近似方式。例如极坐标格式算法就在方位时域 – 距离频域(或者距离时域)进行信号相位解耦合高阶项去除(距离向在时域还是在频域取决于距离向是采用 Dechirp 处理还是匹配滤波处理),而距离徙动算法则选择在两维频域进行解耦合高阶项去除。距离多普勒算法、尺度变标算法和极坐标格式算法都对距离历程进行了某些近似,而距离徙动算法、卷积反投影算法和球面几何算法则没有对距离历程进行任何近似。

下面从上述统一观点来重新认识目前得到广泛应用的经典成像处理算法。

5.3　典型成像算法

5.3.1　SAR 回波信号模型

假设雷达发射线性调频信号,其时域表达式为

$$s(\tau) = \mathrm{rect}\left(\frac{\tau}{T_p}\right) \cdot \exp(\mathrm{j}\pi k\tau^2) \cdot \exp(\mathrm{j}2\pi f_0\tau) \tag{5.1}$$

式中:T_p 为发射信号脉冲宽度;k 为调频斜率;f_0 为信号载频。

雷达数据采集几何如图 5.4 所示,雷达沿 x 轴以速度 v 匀速直线运动,其瞬时位置为 (vt, Y_0)。假设场景中有一理想点目标,其位置为 (x_p, y_p),且具有单位辐射强度,因此目标函数可以表示为 $g(x, y) = \delta(x - x_p, y - y_p)$,目标函数对应的频谱为 $G(k_x, k_y) = \exp\{\mathrm{j}[k_x x_p + k_y y_p]\}$。

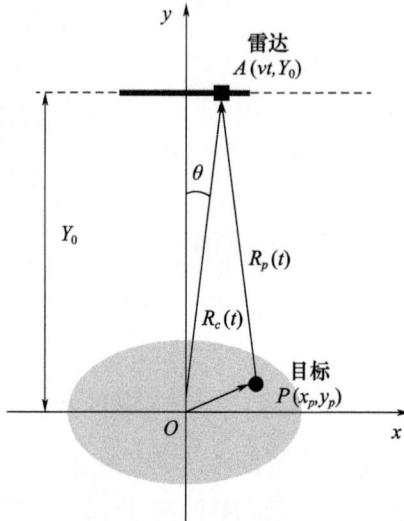

图 5.4 两维数据采集几何

雷达到目标点的瞬时斜距记为 $R_p(t)$,根据如图 5.4 所示的几何关系,可得

$$R_p(t) = \sqrt{(vt - x_p)^2 + (Y_0 - y_p)^2} \tag{5.2}$$

因此,雷达接收的回波信号(解调后)可表示为

$$Q(t, \tau) = \mathrm{rect}\left(\frac{\tau - 2R_p(t)/c}{T_p}\right) \cdot \exp\left\{\mathrm{j}\pi k\left(\tau - \frac{2R_p(t)}{c}\right)^2\right\} \cdot \exp\left\{-\mathrm{j}\frac{4\pi f_0}{c}R_p(t)\right\} \tag{5.3}$$

将其在距离向变换到频率域,并匹配滤波去掉发射信号二次频谱项,可得

$$Q(t, f_\tau) = \mathrm{rect}\left(\frac{f_\tau}{B_f}\right) \cdot \exp\left\{-\mathrm{j}\frac{4\pi}{c}(f_0 + f_\tau)R_p(t)\right\} \tag{5.4}$$

式中:$B_f = kT_p$ 为发射信号带宽。

由于在常规 SAR 成像处理算法处理过程中一般都不考虑幅度效应(只有在分析分辨率或者旁瓣控制时才考虑幅度效应),因此下面的成像算法讨论中

都忽略了幅度效应,即

$$Q(t,f_\tau) = \exp\left\{ -\mathrm{j}\frac{4\pi}{c}(f_0 + f_\tau)R_p(t) \right\} \tag{5.5}$$

式(5.5)也常被称为目标回波的相位历史域数据。

5.3.2　多普勒波束锐化算法

1. 算法理论推导

多普勒波束锐化算法假设在合成孔径时间内每一个点的多普勒频率是一个常数,而且方位位置不同的目标的回波信号具有不同的多普勒频率,因此通过一个简单的傅里叶变换就可以在多普勒域将方位目标分辨开来。对于常数多普勒频率假设,相当于假设目标到雷达的距离历程是线性的。为此,将式(5.2)所示的实际双曲距离历程关于方位时间 t 做泰勒展开,并只保留到一次项,有

$$R_p(t) \approx \sqrt{x_p^2 + (Y_0 - y_p)^2} + \frac{-x_p v}{\sqrt{x_p^2 + (Y_0 - y_p)^2}}t \tag{5.6}$$

令

$$\begin{cases} x'_p = \dfrac{Y_0 x_p}{\sqrt{x_p^2 + (Y_0 - y_p)^2}} \\[3mm] y'_p = Y_0 - \sqrt{x_p^2 + (Y_0 - y_p)^2} \end{cases} \tag{5.7}$$

则式(5.6)可以简化为

$$R_p(t) \approx Y_0 - y'_p - x'_p \frac{v}{Y_0}t \tag{5.8}$$

将其代入式(5.5)可得

$$Q(t,f_\tau) = A \cdot \exp\left\{ \mathrm{j}\frac{4\pi}{c}(f_0 + f_\tau)\left(y'_p + x'_p \frac{v}{Y_0}t \right) \right\} \tag{5.9}$$

式中:$A = \exp\{ -\mathrm{j}4\pi f_0 Y_0/c \}$ 为复常数。$\exp\{ -\mathrm{j}4\pi f_\tau Y_0/c \}$ 项对应距离向的一个常数偏置 Y_0,实际上在距离采样过程中如果选择距离采样窗的中心对应 Y_0,这一项恰好补偿掉了。

进一步地,忽略式中距离频率和方位时间的耦合项(对应线性距离徙动),式(5.9)可进一步简化为

$$Q(t,f_\tau) = \exp\left\{ \mathrm{j}\left[\frac{4\pi}{c}(f_0 + f_\tau) \cdot y'_p + \frac{4\pi f_0}{c}\frac{v}{Y_0}t \cdot x'_p \right] \right\} \tag{5.10}$$

定义

$$\begin{cases} k_x = \dfrac{4\pi f_0}{c}\dfrac{v}{Y_0}t \\[2mm] k_y = \dfrac{4\pi}{c}(f_0 + f_\tau) \end{cases} \tag{5.11}$$

则式(5.10)可以表示为

$$Q(k_x, k_y) = \exp\left[j(k_y \cdot y'_p + k_x \cdot x'_p)\right] \tag{5.12}$$

此时,对信号做一个两维逆傅里叶变换,就可以将目标聚焦在(x'_p, y'_p)处,只不过此时目标聚焦位置不是在其真实位置处。因此,为了得到无几何失真的图像,还需根据式(5.7)进行几何失真的校正。

从以上推导过程可以看出,多普勒波束锐化算法主要采用了两个近似,其中:一是将双曲距离历程进行了一阶泰勒展开近似,忽略了所有高阶项;二是进一步忽略了雷达运动导致的线性距离徙动(当然,这一限制也可以通过对原始 DBS 算法进行一个改进来克服,即通过增加一个 Keystone 变换处理去除线性距离徙动)。随着雷达分辨率的不断提高,合成孔径长度越来越长,上述近似显然不再成立。因此,在高分辨率条件下,必须采用精度更高的算法。

2. 算法实现流程

DBS 算法实现最简单,距离向采用匹配滤波实现脉冲压缩处理,方位向通过一个简单的 FFT 将信号从方位时间域变换到频率域即可实现对目标的两维聚焦成像。只不过此时得到的是目标的距离多普勒两维图像,如果还需要得到目标的两维空域图像,则可以利用地面空间网格两维坐标与距离多普勒的一一对应关系,在距离多普勒图像上通过两维插值实现从距离多普勒图像到地理坐标图像的转换,如图 5.5(a)所示。如果还需要考虑线性走动的影响,也可以在流程中加一个 Keystone 变换处理,如图 5.5(b)所示。

5.3.3　极坐标格式算法

1. 算法理论推导

假设极坐标格式算法的输入信号为相位历史域数据,即

$$Q(t, f_\tau) = \exp\left\{ -j\frac{4\pi}{c}(f_0 + f_\tau)\sqrt{(vt - x_p)^2 + (Y_0 - y_p)^2} \right\} \tag{5.13}$$

极坐标格式算法直接在相位历史域进行信号解耦合去除高阶项操作。为了将该式转换为目标函数频谱形式,需要对式(5.13)做相位补偿处理和相位历程近似。相位补偿处理的目的是补偿场景中心点的所有相位。由于场景中心点对应 $x_p = 0$ 和 $y_p = 0$,因此补偿函数为

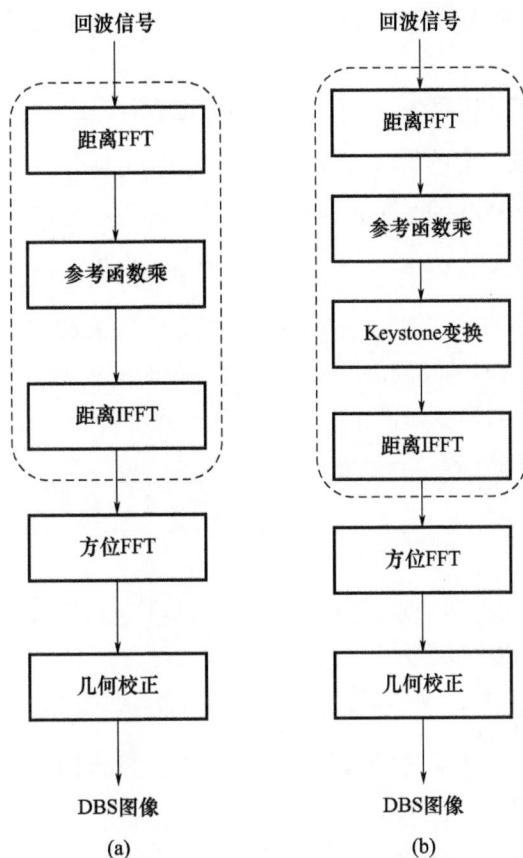

图 5.5　多普勒波束锐化算法及其改进算法处理流程图

(a)多普勒波束锐化算法;(b)改进的多普勒波束锐化算法。

$$S_{\mathrm{ref}}(t, f_\tau) = \exp\left\{ \mathrm{j}\frac{4\pi}{c}(f_0 + f_\tau)\sqrt{(vt)^2 + (Y_0)^2} \right\} \qquad (5.14)$$

补偿后的信号,即式(5.13)和式(5.14)相乘,可表示为

$$Q(t, f_\tau) = \exp\left\{ \mathrm{j}\frac{4\pi}{c}(f_0 + f_\tau)\left[\sqrt{(vt)^2 + (Y_0)^2} - \sqrt{(vt - x_p)^2 + (Y_0 - y_p)^2} \right] \right\}$$

$$(5.15)$$

$$R_p(t) = \sqrt{(vt - x_p)^2 + (Y_0 - y_p)^2}$$

$$R_c(t) = \sqrt{(vt)^2 + (Y_0)^2}$$

式中:$R_p(t)$ 为雷达到目标的瞬时距离;$R_c(t)$ 为雷达到场景中心点的瞬时距离。在平面波前假设条件下,这两项的差等于目标位置矢量在雷达视线方向的投影长度,即图 5.4 中的 $\overrightarrow{OP}$ 向量在 $\overrightarrow{OA}$ 向量上的投影。由于 $\overrightarrow{OA}$ 方向的单位向量可以

写成 $(\sin\theta, \cos\theta)$，因此向量 (x_p, y_p) 在 $\overrightarrow{OA}$ 上的投影，即差分距离，可以近似表示为

$$\sqrt{(vt)^2 + (Y_0)^2} - \sqrt{(vt - x_p)^2 + (Y_0 - y_p)^2} \approx x_p\sin\theta + y_p\cos\theta \quad (5.16)$$

式中：θ 为雷达位置对应的瞬时方位角，与方位时间 t 具有一一对应关系。

将式(5.16)代入式(5.15)，可得

$$Q(t, f_\tau) = \exp\left\{ j\frac{4\pi}{c}(f_0 + f_\tau)(x_p\sin\theta + y_p\cos\theta) \right\} \quad (5.17)$$

由式(5.15)得到式(5.17)的另一种方式是先对式(5.2)中距离历程做一个泰勒展开近似，只不过泰勒展开不是针对方位时间变量，而是将目标两维位置作为自变量，在 $(0,0)$ 点做两维一阶泰勒展开近似，有

$$\sqrt{(vt - x_p)^2 + (Y_0 - y_p)^2} \approx \sqrt{(vt)^2 + (Y_0)^2} - \frac{vt}{\sqrt{(vt)^2 + (Y_0)^2}}x_p - \frac{Y_0}{\sqrt{(vt)^2 + (Y_0)^2}}y_p$$

$$(5.18)$$

根据图 5.4 所示几何关系，有 $vt / \sqrt{(vt)^2 + (Y_0)^2} = \sin\theta$，$Y_0 / \sqrt{(vt)^2 + (Y_0)^2} = \cos\theta$，因此式(5.18)也可以写为

$$\sqrt{(vt - x_p)^2 + (Y_0 - y_p)^2} \approx \sqrt{(vt)^2 + (Y_0)^2} - x_p\sin\theta - y_p\cos\theta \quad (5.19)$$

式中：$\sqrt{(vt)^2 + (Y_0)^2}$ 为雷达到场景中心的距离。将式(5.19)代入式(5.13)，可得

$$Q(t, f_\tau) = \exp\left\{ -j\frac{4\pi}{c}(f_0 + f_\tau)\left[\sqrt{(vt)^2 + (Y_0)^2} - x_p\sin\theta - y_p\cos\theta \right] \right\}$$

$$(5.20)$$

式(5.20)中第一项不含目标信息，因此可以先将其补偿去掉，即对式(5.13)乘以参考函数，即

$$S_{\text{ref}}(t, f_\tau) = \exp\left\{ j\frac{4\pi}{c}(f_0 + f_\tau)\sqrt{(vt)^2 + (Y_0)^2} \right\} \quad (5.21)$$

同样可以得到式(5.17)，即

$$Q(t, f_\tau) = \exp\left\{ j\frac{4\pi}{c}(f_0 + f_\tau)(x_p\sin\theta + y_p\cos\theta) \right\} \quad (5.22)$$

对式(5.22)做线性变量替换(实际无需任何信号处理操作)，令

$$k_r = \frac{4\pi}{c}(f_0 + f_\tau) \quad (5.23)$$

同时考虑到角度 θ 与方位时间具有一一对应关系，则式(5.22)可重写为

$$Q(\theta, k_r) = \exp\left\{ j(x_p k_r\sin\theta + y_p k_r\cos\theta) \right\} \quad (5.24)$$

式(5.24)是目标函数 $g(x,y) = \delta(x - x_p, y - y_p)$ 两维频谱的极坐标格式表示。

对式(5.24)做两维非线性变量替换(离散信号域通过两维插值实现),即

$$\begin{cases} k_x = k_r \sin\theta \\ k_y = k_r \cos\theta \end{cases} \tag{5.25}$$

该变换为一个两维坐标映射,考虑到角度 θ 是方位时间 t 的单调函数,因此该映射将两维变量 (t, f_τ) 映射到两维变量 (k_x, k_y)。根据式(5.25),尽管实际信号在 (t, f_τ) 域往往是采样均匀的,但映射到 (k_x, k_y) 后却不再是两维采样均匀的。因此,为了方便后续利用快速变换来实现逆傅里叶变换,上述映射过程中需要进行两维重采样,使得输出信号在 (k_x, k_y) 域是两维均匀的。这个两维重采样过程被称为极坐标格式重采样,是极坐标格式算法的最核心步骤。

通过上述变换后,信号变为

$$Q(k_x, k_y) = \exp\{j(x_p k_x + y_p k_y)\} \tag{5.26}$$

这正好是目标函数的两维频谱在直角坐标系中的表示,因此最后再进行一个两维逆傅里叶变换就可以得到目标的两维高分辨率图像。

2. 算法实现流程

上面推导为了简化,是从式(5.13)所示相位历史域数据开始的。为了给出完整处理流程,下面假设输入为原始两维时域回波数据,即式(5.3)。为了得到相位历史域数据,通常可以采取两种方式。

(1)Dechirp 方式。Dechirp 方式在回波模拟信号阶段进行 Dechirp 接收,再进行 AD 采样得到离散数据,而且通过跟踪住场景中心的两维 Dechirp 处理,得到的是式(5.17)所示的经过运动补偿后的相位历史域数据,因此 AD 采样后只需要做一个极坐标格式转换和两维 IFFT 即可得到目标的高分辨率图像,如图 5.6 所示(其中 Dechirp 是在模拟信号阶段完成的)。

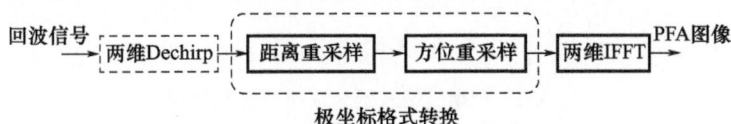

图 5.6　Dechirp 模式下的极坐标格式算法

(2)对回波信号解调后直接采样,并变换到频域进行匹配滤波处理。公开报道中,美国的 SAR 雷达在聚束模式下大多采用 Dechirp 接收,而国内雷达目前大多还是采用直接采样模式。因此,下面主要考虑直接采样模式下的成像信号处理。直接采样模式下的极坐标格式算法如图 5.7 所示。

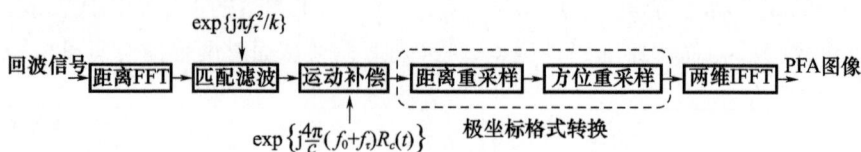

$$\exp\{j\pi f_r^2/k\}$$

回波信号 → 距离FFT → 匹配滤波 → 运动补偿 → ⟦距离重采样 → 方位重采样⟧ → 两维IFFT → PFA图像

$$\exp\left\{j\frac{4\pi}{c}(f_0+f_r)R_c(t)\right\}$$ 极坐标格式转换

图 5.7　直接采样模式下的极坐标格式算法

对于直接采样模式下的数据,在极坐标格式转换前,还需要两个预处理操作。一是距离向的匹配滤波处理(但数据保留在距离频率域),这可通过一次距离 FFT 和匹配滤波参考函数相乘完成。二是运动补偿,将场景中心点的两维相位历程完全补偿掉,即在相位历史域乘以两维相位历程函数式(5.14)。这一过程实际包含两个部分:一是距离徙动的校正,即校正场景中心点的所有距离徙动;二是方位相位误差的补偿,即补偿场景中心点的方位相位调制。运动补偿完后,场景中心点目标的两维相位历程完全补偿为零,因此直接两维 IFFT 即可实现对其聚焦成像,但对于非场景中心点,还需要做极坐标格式转换。

极坐标格式转换本质上是对数据进行两维重采样,将在空间频率域极径和极角上的离散采样信号转换为直角坐标系下的均匀采样信号,方便后续用快速(逆)傅里叶变换来实现(逆)傅里叶变换,如图 5.8 所示。

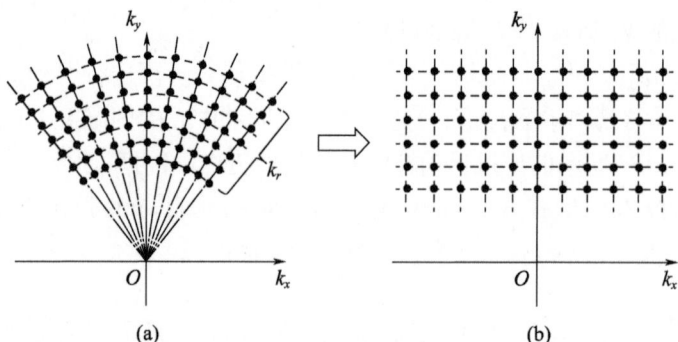

图 5.8　极坐标格式到矩形格式数据转换

实际实现时,为了进一步提高计算效率,极坐标格式转换的两维重采样通常是通过两个一维重采样来实现的。首先,针对每一个极角上的数据,在极径向重采样,使得不同极角上重采样后的数据具有相同的 k_y 坐标。例如对于第一个极角数据,如图 5.9(a)所示,灰色圆点代表原有数据在极径向的采样位置($k_r = 4\pi(f_0+f_r)/c$),黑色圆点代表重采样的位置,重采样点的位置是由事先设定好的希望输出的 k_y 坐标计算得到的,如果希望输出的 k_y 坐标为 $\bar{k}_y$(均匀间隔),

则第一个极角上的重采样极径坐标为 $\bar{k}_y/\cos\theta_1$，其中 θ_1 为第一个数据对应的极角。所有极角数据都通过上述一维重采样后，数据格式变为如图 5.9(b) 所示 Keystone 格式数据。此时所有不同极角下的数据均具有相同的均匀 k_y 坐标，但不同距离频率上，方位空间频率域采样间隔仍然不一致。

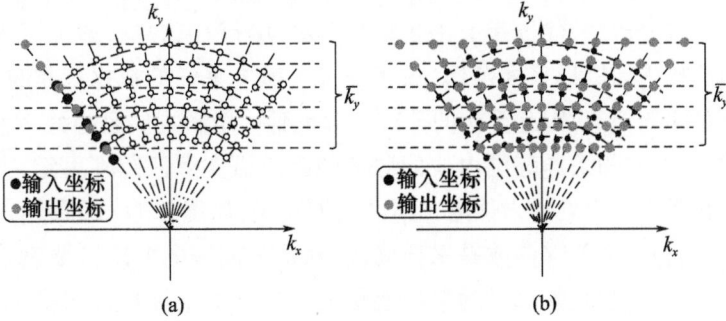

图 5.9　距离向重采样

因此下一步是进行方位向重采样，方位向重采样针对每一个距离频点数据进行。如图 5.10 所示，事先设定好希望统一输出的 k_x 坐标，例如在图中设为 $\bar{k}_x$（均匀间隔）。然后针对每一行分别进行一维重采样，例如针对第一行（假设其距离频率为 k_{y1}），原始采样位置为空心圆点，其 k_x 坐标为 $k_{y1}\tan\theta$，灰色圆点为希望输出的坐标，其 k_x 坐标为事先设定好的 $\bar{k}_x$。由于每一行通过采样后输出的都为 $\bar{k}_x$，因此通过重采样后不同行数据将具有相同的均匀采样的 k_x 坐标。

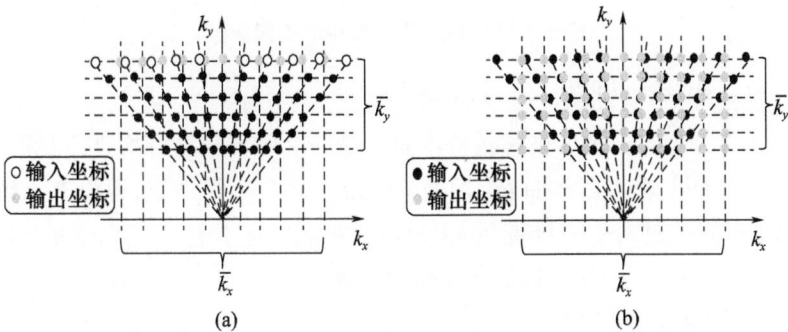

图 5.10　方位向重采样

此时，数据在两维空间频率域都是均匀采样的，因此利用两维 IFFT 即可实现从空间频率域到图像域的转换。

在上述重采样过程中,其中一个关键点是输出两维坐标网格的设置。在每一个维度,采样点的设置由两个关键参数决定:一个是采样范围;另一个是采样间隔。在两维重采样时,重采样输出矩形格式采样的范围具有一定的任意性,但通常会选择实际数据频谱扇环支撑区的外接矩形区域或者内切矩形区域,如图 5.11 所示。选择外接矩形区域采样范围能够完整地保留所有谱信息,因此不会损失重构分辨率,代价是有些采样位置处实际没有数据,增加了一定的计算量。而选择内切矩形采样范围,虽然保证了所有采样的数据都是有效的,但损失了部分频谱信息,因此重构的分辨率会受到一定影响。还有另一种常用的简化形式,距离向的采样范围由中间脉冲的距离谱支撑区范围决定,方位向的范围由中间距离频率处的方位谱支撑区范围决定,如图 5.11(c)所示。确定了采样范围后,另一个关键参数是采样间隔,对采样间隔的要求是要满足频域采样定理,即每一维空间频率域的采样要保证在该维的空域目标图像不混叠,例如,假设雷达波束照射成像区大小为 $\Delta x \times \Delta y$,则两维空间频率域的采样间隔必须分别小于 $2\pi/\Delta x$ 和 $2\pi/\Delta y$。

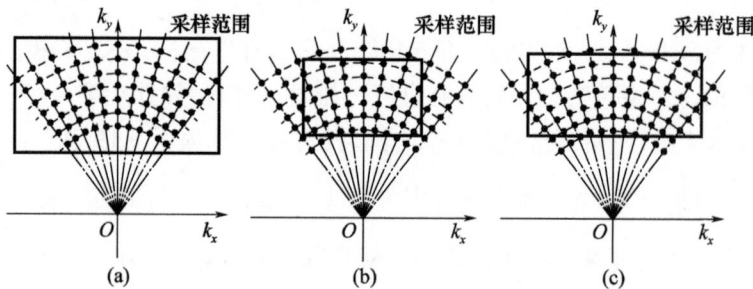

图 5.11　波数域采样范围的不同选择

3. 极坐标格式转换的另一种解释

式(5.25)表明极坐标格式转换本质上是一个两维变量替换,可以通过两维插值实现。传统算法虽然将两维插值分解成了两个一维插值,但没有从解析表示上给出可以通过两个一维变量替换代替两维变量替换。下面的讨论将弥补这一缺陷。另外,新的解释还揭示了极坐标格式转换中的方位插值过程本质上内嵌了一个 Keystone 变换。

极坐标格式转换前的信号如式(5.24)所示,为了表示其与原始变量的关系,也可以表示为

$$Q(t,f_\tau) = \exp\left\{ j\frac{4\pi}{c}(f_0 + f_\tau)(x_p\sin\theta + y_p\cos\theta) \right\} \tag{5.27}$$

在其相位历程中,两个自变量存在耦合。在前面提到,SAR 成像处理的过程中,一个重要的工作是对两个自变量进行解耦。极坐标格式转换通过一个两维变量替换直接实现两维变量解耦,下面将其分解成两个一维解耦合的过程。

(1)对距离项(式 5.27 中含 y_p 的相位项)中自变量进行解耦。处理前,距离项既跟距离频率变量有关,也跟方位时间(角度)有关,那么希望通过一个变量替换去除两者的耦合,使其只与距离频率变量有关。为了达到这一目的,可以对距离频率变量做一个变量替换,使得

$$\frac{4\pi}{c}(f_0 + f_\tau)\cos\theta \rightarrow \frac{4\pi}{c}(f_0 + \widehat{f}_\tau) \tag{5.28}$$

式(5.28)等效于对距离频率变量做变量替换,即

$$f_\tau = \frac{1}{\cos\theta}\widehat{f}_\tau + \left(\frac{1}{\cos\theta} - 1\right)f_0 \tag{5.29}$$

不难看出,式(5.29)实质上就是对距离频率变量做一个带偏置的尺度变换。

将式(5.29)代入式(5.27),可得

$$Q(t,\widehat{f}_\tau) = \exp\left\{j\frac{4\pi}{c}(f_0 + \widehat{f}_\tau)(x_p\tan\theta + y_p)\right\} \tag{5.30}$$

此时,距离位置 y_p 项的系数中只有距离频率变量的项,距离向解耦完成。

(2)方位位置 x_p 项中系数是两个自变量的耦合函数,希望通过方位一维的变量替换,去除该项中与距离频率的相关性。为了达到这一目的,希望通过一个方位向的变量替换,使得

$$(f_0 + \widehat{f}_\tau)\tan\theta \rightarrow f_0\Omega\widehat{t} \tag{5.31}$$

式中: $\Omega = \frac{\mathrm{d}(\tan\theta)}{\mathrm{d}t}\big|_{t=0}$。

这一过程也可以分成两步实现,即

$$(f_0 + \widehat{f}_\tau)\tan\theta \xrightarrow{\tilde{t}=\xi(t)} (f_0 + \widehat{f}_\tau)\Omega\tilde{t} \xrightarrow{\widehat{t}=\frac{f_0}{f_0+\widehat{f}_\tau}\tilde{t}} f_0\Omega\widehat{t} \tag{5.32}$$

第一步是对方位时间做一个与距离频率无关的变量替换 $\tilde{t} = \xi(t)$,使得 $\tan\theta$ 项变为方位时间的线性函数。第二步是对方位时间做一个与距离频率有关的尺度变换,即

$$\widehat{t} = \frac{f_0}{f_0 + \widehat{f}_\tau}\tilde{t} \tag{5.33}$$

该尺度变换即为 Keystone 变换。

经过上述方位变量替换后，式(5.30)变为

$$Q(\widehat{t},\widehat{f_\tau}) = \exp\left\{ j\left[\frac{4\pi f_0}{c}\Omega\,\widehat{t}\cdot x_p + \frac{4\pi}{c}(f_0 + \widehat{f_\tau})\cdot y_p \right] \right\} \tag{5.34}$$

至此，信号两维解耦完成，距离项系数变为只跟距离频率线性相关的项，方位项系数变为只跟方位时间线性相关的项。此时，只需要对两个维度分别做 IFFT 即可实现对目标的聚焦成像。为了更好地表示式(5.34)与目标函数频谱的关系，也可以重新定义变量，即

$$\begin{cases} k_x = \dfrac{4\pi f_0}{c}\Omega\,\widehat{t} \\[2mm] k_y = \dfrac{4\pi}{c}(f_0 + \widehat{f_\tau}) \end{cases} \tag{5.35}$$

将式(5.35)代入式(5.34)，即可得到目标函数的频谱表示。

5.3.4 距离徙动算法

1. 算法理论推导

距离徙动算法对双曲距离历程没有采用任何近似，是一种完全精确的算法。该算法除了在 SAR 领域得到应用，在地震层析成像、医学成像领域也得到了广泛应用，因此该算法还有很多其他名称，如波数域算法、Stolt 格式算法和波前重构算法等。

将式(5.2)所示完整双曲距离历程代入式(5.5)，得到精确的相位历史域数据，即

$$Q(t,f_\tau) = \exp\left\{ -j\frac{4\pi}{c}(f_0 + f_\tau)\sqrt{(vt - x_p)^2 + (Y_0 - y_p)^2} \right\} \tag{5.36}$$

距离徙动算法在两维频域进行解耦合去高阶项操作。因此，首先需将式(5.36)所示信号变换到方位频率域。利用驻留相位原理，可得到其解析频谱为(很多参考书上都可以找到理论推导，这里不再赘述)

$$Q(f_t,f_\tau) = \exp\left\{ j\left[-(Y_0 - y_p)\sqrt{\left[\frac{4\pi}{c}(f_0 + f_\tau)\right]^2 - \left(\frac{2\pi f_t}{v}\right)^2} - \frac{2\pi f_t}{v}x_p \right] \right\}$$

$$\tag{5.37}$$

根据统一框架理论，希望先对该信号进行处理和变换，使其变成目标函数的频谱 $G(k_x,k_y) = \exp\left\{ j\left[k_x x_p + k_y y_p \right] \right\}$ 形式，再进行两维逆傅里叶变换得到目标的图像。

为了达到这一目的，需要对两维频谱做两步操作。首先去除跟目标位置信

息无关的项,即对式(5.37)乘以补偿函数

$$S_{\text{ref}}(f_t, f_\tau) = \exp\left\{ \mathrm{j}\left[Y_0\sqrt{\left[\frac{4\pi}{c}(f_0+f_\tau)\right]^2 - \left(\frac{2\pi f_t}{v}\right)^2} \right] \right\} \tag{5.38}$$

补偿后,信号变为

$$Q(f_t, f_\tau) = \exp\left\{ \mathrm{j}\left[y_p\sqrt{\left[\frac{4\pi}{c}(f_0+f_\tau)\right]^2 - \left(\frac{2\pi f_t}{v}\right)^2} - \frac{2\pi f_t}{v}x_p \right] \right\} \tag{5.39}$$

为了方便符号表示,对式(5.39)做变量替换(两个都是线性变量替换,实际对数据无需做任何处理),有

$$\begin{cases} k_x = \dfrac{2\pi f_t}{v} \\[2mm] k_r = \dfrac{4\pi}{c}(f_0+f_\tau) \end{cases} \tag{5.40}$$

变量替换后,信号可以表示为

$$Q(k_x, k_r) = \exp\left\{ \mathrm{j}\left[y_p\sqrt{k_r^2 - k_x^2} - k_x x_p \right] \right\} \tag{5.41}$$

为了变换到目标频谱形式,只需对式(5.41)再做一次非线性变量替换,即

$$k_y = \sqrt{k_r^2 - k_x^2} \tag{5.42}$$

由于该变量替换是非线性的,k_r 域的均匀采样对应在 k_y 域的采样是非均匀的。为了得到在 k_y 域的均匀采样,需要做一个重采样,这个重采样也被称为 Stolt 插值。

通过上述 Stolt 变换后,信号变为

$$Q(k_x, k_y) = \exp\left\{ \mathrm{j}\left[k_y y_p - k_x x_p \right] \right\} \tag{5.43}$$

这正是目标函数的频谱形式(只是其中一个相位符号相反,最后影响成像结果坐标的正负)。

因此,最后对式(5.43)做一个两维逆傅里叶变换即可得到目标的两维图像。

2. 算法实现流程

根据上述推导,可以知道距离徙动算法处理流程主要包括 4 个步骤:①距离向匹配滤波;②由参考距离决定的两维频域参考函数乘;③Stolt 插值;④两维IFFT。整个处理流程如图 5.12 所示。

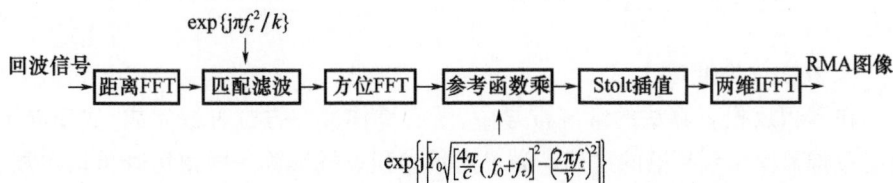

图 5.12　RMA 算法处理流程

上述流程中,最关键的一步是 Stolt 插值。Stolt 插值前,信号表示如式(5.41)所示,重写为

$$Q(k_x,k_r) = \exp\{j[y_p\sqrt{k_r^2-k_x^2}-k_x x_p]\} \tag{5.44}$$

式中:k_x 和 k_r 的定义如式(5.40)所示。由于信号在两维频率域(f_τ,f_t)都是均匀采样的,因此由式(5.40)映射到(k_x,k_r)域也是均匀采样的,如图 5.13(a)所示。将数据通过式(5.42)映射到(k_x,k_y)域后,信号在 k_x 域是均匀采样的,但在 k_y 域是非均匀采样的,如图 5.13(b)所示。

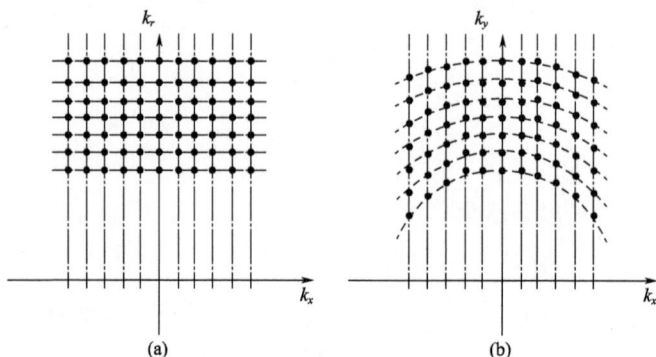

图 5.13　Stolt 格式采样位置

(a)$k_x - k_r$ 域采样位置;(b)$k_x - k_y$ 域采样位置。

因此,为了得到在(k_x,k_y)域两维均匀的采样数据,需要针对每一个 k_x 采样点,在 k_y 上做一维重采样。假设通过重采样后希望输出的 k_y 域采样位置,设为 $\bar{k}_y$(均匀采样间隔)。针对每一个 k_x 采样点,例如采样值为 k_{xi},计算数据在 k_y 域的采样坐标,即 $k_{yi} = \sqrt{k_r^2-k_{xi}^2}$,这是采样前的数据在 k_y 轴上的采样位置,重采样后的采样坐标统一设为 $\bar{k}_y$,根据采样前后的坐标以及采样前的数据,就可以通过一维重采样得到重采样位置处的数据。通过对每一个 k_x 采样位置都做一维重采样后,整个数据将具有统一的 k_y 坐标,如图 5.14(b)所示。

5.3.5　卷积/滤波反投影算法

1. 算法理论推导

在卷积反投影算法的常规推导中,所有操作都在方位时域完成,似乎看不出有重构目标函数频谱的过程。为了揭示卷积反投影算法的傅里叶重构本质,下面将对卷积反投影算法给出一种新的解释。新解释不改变算法的任何处理

步骤,但却从另一个角度解释了卷积反投影算法的傅里叶重构本质,这也为分析时域算法处理所得图像的频谱特性提供了一种有效工具。

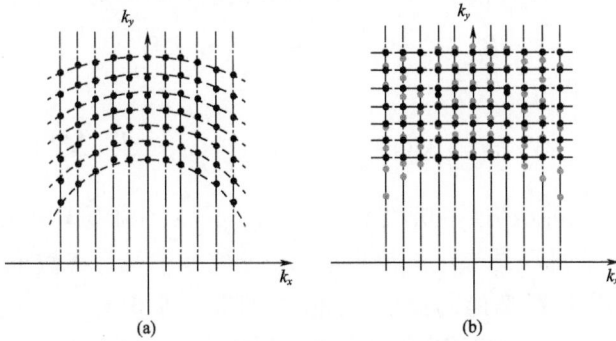

图 5.14　Stolt 重采样前后采样位置变化

　　反投影算法的思想非常简单:①将雷达照射区域根据理论分辨率划分成两维网格,如图 5.15 所示;②针对待成像网格上的每一个像素点,计算该像素到雷达的瞬时距离,在经过距离脉冲压缩后的回波信号中找到其信号位置;③通过插值取出该位置的值,补偿一个相位后在像素点上相参积累。

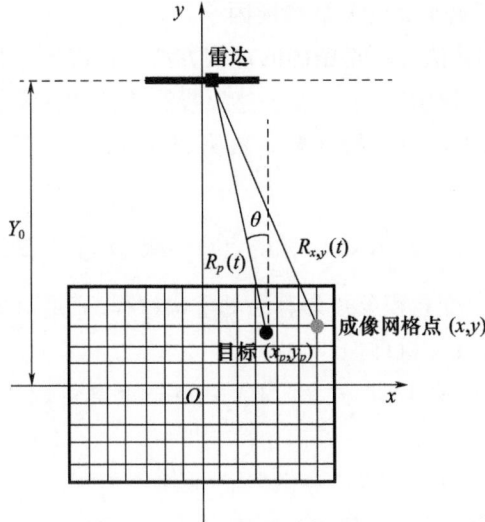

图 5.15　FBP 成像处理几何关系

　　假设输入为经过距离向脉冲压缩的两维回波信号,将式(5.5)通过距离逆傅里叶变换返回时域的信号,即

$$Q(t,\tau) = \int \exp\left\{-\mathrm{j}\frac{4\pi}{c}(f_0 + f_\tau)R_p(t)\right\} \cdot \exp\{\mathrm{j}2\pi f_\tau \tau\}\,\mathrm{d}f_\tau \qquad (5.45)$$

对于位于(x,y)的像素点,假设其到雷达的瞬时距离记为

$$R_{x,y}(t) = \sqrt{(vt-x)^2 + (Y_0 - y)^2} \qquad (5.46)$$

则反投影重构过程可以表示为

$$\hat{g}(x,y) = \int Q(t,\tau)\big|_{\tau = 2R_{x,y}(t)/c} \cdot \exp\left\{\mathrm{j}2\pi f_0 \frac{2R_{x,y}(t)}{c}\right\}\mathrm{d}t \qquad (5.47)$$

式中:$Q(t,\tau)$为脉冲压缩后的信号;$Q(t,\tau)\big|_{\tau = 2R_{x,y}(t)/c}$为根据像素点到雷达的瞬时距离,找到其在脉压结果中的信号值。由于实际信号是离散采样的,因此实际取值时需要通过距离向的插值完成。找到信号后补偿一个相位差异因子$\exp\{\mathrm{j}4\pi f_0 R_{x,y}(t)/c\}$,再将不同脉冲信号得到的值在该像素相参叠加。

将式(5.45)代入式(5.47),整理后得

$$\hat{g}(x,y) = \iint \exp\left\{\mathrm{j}\frac{4\pi}{c}(f_0 + f_\tau)[R_{x,y}(t) - R_p(t)]\right\}\mathrm{d}f_\tau \mathrm{d}t \qquad (5.48)$$

定义$k_r = 4\pi(f_0 + f_\tau)/c$,则式(5.48)也可以写为

$$\hat{g}(x,y) = \iint \exp\{\mathrm{j}k_r[R_{x,y}(t) - R_p(t)]\}\mathrm{d}k_r \mathrm{d}t \qquad (5.49)$$

同样,式(5.49)中忽略了新的常数幅度因子。

理论上,反投影算法还不是精确的重构方法。精确的重构算法称为卷积反投影算法或者滤波反投影算法,它与上述反投影算法的区别在于反投影前距离向进行了一个滤波,滤波器系统传输函数为$H(k_r) = k_r$,因此卷积/滤波反投影算法的重构公式为

$$\hat{g}(x,y) = \iint \exp\{\mathrm{j}k_r[R_{x,y}(t) - R_p(t)]\}k_r \mathrm{d}k_r \mathrm{d}t \qquad (5.50)$$

下面的分析不改变卷积反投影算法的重构过程,只是对式(5.50)做一个新的分析,揭示其内部成像机理。

跟极坐标格式算法类似,式(5.50)中差分距离可以做一阶泰勒展开近似,有

$$R_{x,y}(t) - R_p(t) \approx (x_p - x)\sin\theta + (y_p - y)\cos\theta \qquad (5.51)$$

该展开式跟极坐标算法类似,都在参考点利用了平面波前近似,只不过在极坐标格式算法中,参考点是固定的,通常选为场景中心,而这里参考点不是固定的,而是目标点本身位置处。

参考点固定为场景中心时,平面波前假设近似只在场景中心附近成立,但对于远离场景中心的目标点,近似误差会逐步变大。对于式(5.51),由于展开

式是直接在每一个目标点附近展开,因此展开式对场景中每一个目标点来说都是足够精确的。式(5.51)跟极坐标格式算法的另一个不同点是角度 θ 的定义不同。在极坐标格式算法中,θ 定义为雷达相对场景中心的瞬时方位角,其大小只随雷达位置的变换而变化,跟目标点位置无关。但在式(5.51)中,θ 的定义为

$$\theta = \arctan\left(\frac{x_a(t) - x_p}{y_a(t) - y_p}\right) \tag{5.52}$$

式中:$[x_a(t), y_a(t)]$ 为雷达瞬时位置。可以看到,角度 θ 的大小还依赖于目标点的位置,即场景中不同位置的目标,其 θ 的大小各不相同。

将式(5.51)代入式(5.50),可得

$$\hat{g}(x,y) = \iint \exp\{jk_r[(x_p - x)\sin\theta + (y_p - y)\cos\theta]\} k_r dk_r dt \tag{5.53}$$

考虑到 θ 与方位时间存在一一对应的函数关系,不妨假设其函数关系为 $t = g(\theta)$,则式中 $dt = g'(\theta)d\theta$。忽略幅度因子变化,则式(5.53)可以重写为

$$\hat{g}(x,y) = \iint \exp\{jk_r[(x_p - x)\sin\theta + (y_p - y)\cos\theta]\} k_r dk_r d\theta \tag{5.54}$$

式(5.54)右边可以理解成两维空间频域极坐标格式上的一个积分,对其做极坐标格式转换,即

$$\begin{cases} k_x = k_r\sin\theta \\ k_y = k_r\cos\theta \end{cases} \tag{5.55}$$

重新整理,可得

$$\hat{g}(x,y) = \iint \hat{G}(k_x, k_y) \cdot \exp\{-j(k_x x + k_y y)\} dk_x dk_y \tag{5.56}$$

式中:$\hat{G}(k_x, k_y) = \exp\{j(k_x x_p + k_y y_p)\}$ 为目标函数的频谱。式(5.56)实际上就是通过逆傅里叶变换将目标函数频谱转换到空域的目标图像。

从上面的分析中可以看到,卷积反投影算法从实际操作层面看,只是做了一个插值、相位补偿和信号累加操作,但实际上,内嵌了一个极坐标格式到直角坐标格式的转换和一个逆傅里叶变换。因此,从这方面来说,该算法又跟极坐标格式算法具有很大的相似性。不同点在于,在对差分距离进行泰勒展开时,极坐标格式算法对远离场景中心的目标点存在较大的近似误差,而卷积反投影则没有这种近似,是一种完全精确的成像处理算法。这种新的解释,一方面有助于看清卷积反投影算法的傅里叶重构本质,另一方面也为分析卷积反投影算法图像的频谱特性提供了有力工具(将在第6章利用该新解释分析 FBP 图像中残留误差的特性)。

2. 算法实现流程

上面虽然提供了卷积反投影算法的一种新解释。在新解释中,处理过程中包含了极坐标格式转换和傅里叶变换等过程,但并没有改变卷积反投影算法的实际处理操作步骤,上述这些过程是内嵌在常规卷积反投影算法的处理过程中的。图 5.16 给出了 FBP 的处理流程。从实际操作层面看,卷积反投影算法处理过程就是对每一个目标点的相参积累过程。针对波束照射范围内每一个待成像网格,首先根据成像几何关系,计算它与雷达的瞬时距离,然后根据距离找到它在每一个脉冲回波压缩结果中的"像",补偿相位后再进行相参累加。累加过程中,虽然待成像网格点在每一个脉冲中的"像"位置可能还会叠加有其他目标点的像(与待成像网格到雷达的距离相等),导致这些不希望的信号也在待成像网格上得到叠加,但这些不希望的信号在待成像网格上的叠加是非相参的复数叠加。一方面,不同脉冲上不希望的信号来自不同散射点(因为不可能存在另外一个散射点和待成像网格点到雷达的瞬时距离对所有脉冲都相等);另一方面,叠加前的相位补偿是针对待成像网格点的,能够将待成像网格点的"像"补偿到同相叠加,但对其他散射点而言,这个相位补偿是乱的,因此脉冲多了后,这个补偿后的叠加趋近于互相抵消。

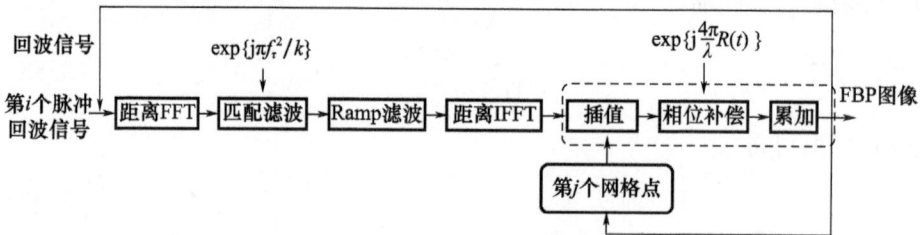

图 5.16　FBP 算法处理流程图

5.3.6　球面几何算法

球面几何算法是专门针对星载 SAR 成像几何提出的一个新的算法。跟其他基于平地假设的算法不同,新算法直接基于地球球面地表假设建立 SAR 信号模型,建立回波信号与球面地表目标函数之间的精确傅里叶变换关系,并基于该关系,提出了基于傅里叶重构的精确高效成像处理算法。

1. 成像几何模型

假设星载 SAR 成像几何模型如图 5.17 所示,以地球球心作为坐标原点,孔径中心时刻地心到卫星指向向量作为 X 轴,卫星轨道所在平面作为 XY 平面建立直角坐标系。卫星瞬时位置可记为$(R\sin\theta, R\cos\theta, 0)$,其中 R 为卫星到地心的瞬时距离,θ 为卫星偏离 Y 轴的瞬时方位角,两者均为方位时间的函数。为了简化符号表示,这里省略了其方位时间依赖性表示。

目标到雷达的等距离线可用方程描述为

$$r = \sqrt{(x - R\sin\theta)^2 + (y - R\cos\theta)^2 + z^2} \tag{5.57}$$

对于到雷达的距离等于 r 的目标,其位置(x, y, z)必须满足方程式(5.57)。

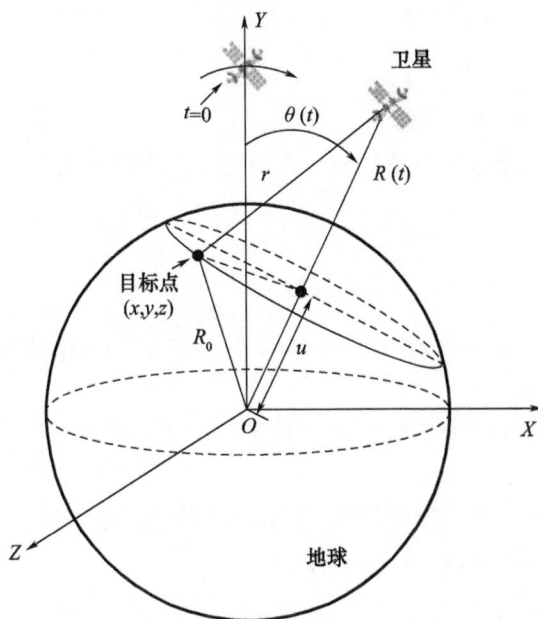

图 5.17　星载 SAR 球面地表数据采集几何模型

考虑到实际雷达照射目标位于地球球表,因此目标位置必须满足地球球面方程,即

$$x^2 + y^2 + z^2 = R_0^2 \tag{5.58}$$

式中:R_0 为地球半径。

综合式(5.57)和式(5.58),球面上到雷达的等距离点满足

$$x\sin\theta + y\cos\theta = u \tag{5.59}$$

$$u = \frac{R^2 + R_0^2 - r^2}{2R} \tag{5.60}$$

2. SAR 信号模型

假设雷达发射线性调频信号,其解析表达式可以表示为

$$s(\tau) = \text{rect}(\tau/T_p) \cdot \exp(j\pi k\tau^2) \cdot \exp(j2\pi f_0\tau) \tag{5.61}$$

式中:T_p 为脉冲宽度;k 为调频斜率;f_0 为发射信号载频。

假设目标函数为 $g(x,y,z)$,分布于地球球面地表上。由于到雷达等距离的点目标将同时到达雷达,被雷达同时接收。因此,考虑先将目标函数中到雷达距离相同的点累加起来,将三维目标函数变为距离一维函数,再计算其雷达回波信号。三维目标函数按等距离球面投影为一维函数的过程可以表述为

$$p_\theta(r) = \iiint g(x,y,z) \cdot \delta(r - \sqrt{(x - R\sin\theta)^2 + (y - R\cos\theta)^2 + z^2})\mathrm{d}x\mathrm{d}y\mathrm{d}z$$

$$\tag{5.62}$$

式中:$\delta(\cdot)$ 为 Dirac 冲激函数。

接收回波信号等于发射信号与目标沿视线投影函数的卷积,即

$$Q(t,\tau) = \int_r p_\theta(r) \cdot s\left(\tau - \frac{2r}{c}\right)\mathrm{d}r \tag{5.63}$$

将式(5.62)代入式(5.63),并忽略幅度效应,有

$$Q(t,\tau) = \iiint_{r x,y,z} g(x,y,z) \cdot \exp\left\{j\pi k\left(\tau - \frac{2r}{c}\right)^2\right\} \cdot \exp\left\{j2\pi f_0\left(\tau - \frac{2r}{c}\right)\right\} \cdot$$

$$\delta(r - \sqrt{(x - R\sin\theta)^2 + (y - R\cos\theta)^2 + z^2})\mathrm{d}x\mathrm{d}y\mathrm{d}z\mathrm{d}r$$

$$\tag{5.64}$$

对回波信号进行脉冲压缩处理,压缩后的点散布函数通常可以近似为 sinc 函数,因此距离压缩后的信号可以表示为

$$Q(t,\tau) = \iiint_{r x,y,z} g(x,y,z) \cdot \text{sinc}\left(B_f\left(\tau - \frac{2r}{c}\right)\right) \cdot \exp\left\{j2\pi f_0\left(\tau - \frac{2r}{c}\right)\right\} \cdot$$

$$\delta(r - \sqrt{(x - R\sin\theta)^2 + (y - R\cos\theta)^2 + z^2})\mathrm{d}x\mathrm{d}y\mathrm{d}z\mathrm{d}r$$

$$\tag{5.65}$$

式中:B_f 为发射信号带宽。

3. 傅里叶变换关系

利用 Dirac 冲激函数的性质,式(5.64)中 Dirac 冲激函数也可以表示为

$$\delta\left(r - \sqrt{(x - R\sin\theta)^2 + (y - R\cos\theta)^2 + z^2}\right) = \alpha \cdot \delta\left(\frac{R^2 + x^2 + y^2 + z^2 - r^2}{2R} - x\sin\theta - y\cos\theta\right)$$

$$\tag{5.66}$$

式中:α 为常数因子。

考虑到实际仅需要关心位于地球球表上的目标,因此实际散射点位置需满足 $x^2 + y^2 + z^2 = R_0^2$,因此式(5.66)也可以写为

$$\delta\left(r - \sqrt{(x - R\sin\theta)^2 + (y - R\cos\theta)^2 + z^2}\right) = \alpha \cdot \delta\left(\frac{R^2 + R_0^2 - r^2}{2R} - x\sin\theta - y\cos\theta\right)$$

$$(5.67)$$

利用式(5.60),式(5.67)也可以写为

$$\delta\left(r - \sqrt{(x - R\sin\theta)^2 + (y - R\cos\theta)^2 + z^2}\right) = \alpha \cdot \delta(u - x\sin\theta - y\cos\theta)$$

$$(5.68)$$

将式(5.68)代入(5.65),并忽略常数因子,式(5.65)可以表示为

$$Q(t, \tau) = \iiint_{ux,y,z} g(x,y,z) \cdot \mathrm{sinc}\left(B_f\left(\tau - \frac{2r}{c}\right)\right) \cdot \exp\left\{\mathrm{j}2\pi f_0\left(\tau - \frac{2r}{c}\right)\right\} \cdot$$
$$\delta(u - x\sin\theta - y\cos\theta)\,\mathrm{d}x\mathrm{d}y\mathrm{d}z\mathrm{d}u \qquad (5.69)$$

为了揭示回波数据与目标函数之间的傅里叶变换关系,需要对式(5.69)做一些处理。对距离变量做变量替换,将变量 τ 替换成新变量 τ',变量替换关系满足

$$\tau = \zeta(\tau') = \frac{2}{c}\sqrt{R^2 + R_0^2 - Rc\tau'} \qquad (5.70)$$

易知该映射满足 $\zeta\left(\dfrac{2u}{c}\right) = \dfrac{2r}{c}$。

变量替换后,信号变为

$$Q(t, \tau') = \iiint_{ux,y,z} g(x,y,z) \cdot \mathrm{sinc}\left(B_f\left(\zeta(\tau') - \frac{2r}{c}\right)\right) \cdot \exp\left\{\mathrm{j}2\pi f_0\left(\zeta(\tau') - \frac{2r}{c}\right)\right\} \cdot$$
$$\delta(u - x\sin\theta - y\cos\theta)\,\mathrm{d}x\mathrm{d}y\mathrm{d}z\mathrm{d}u$$

$$(5.71)$$

考虑到 sinc 函数的主要能量都集中在最大值附近,可以将函数 $\zeta(\tau')$ 在最大值附近进行一阶泰勒展开近似,即

$$\zeta(\tau') \approx \zeta\left(\frac{2u}{c}\right) + a\left(\tau' - \frac{2u}{c}\right) = \frac{2r}{c} + a\left(\tau' - \frac{2u}{c}\right) \qquad (5.72)$$

$$a = \frac{\mathrm{d}\zeta(\tau')}{\mathrm{d}\tau'}\bigg|_{\tau'=\frac{2u}{c}} = -\frac{R}{r}$$

将式(5.72)代入式(5.71),可得

$$Q(t, \tau') = \iiint_{ux,y,z} g(x,y,z) \cdot \mathrm{sinc}\left(\bar{B}_f\left(\tau' - \frac{2u}{c}\right)\right) \cdot \exp\left\{\mathrm{j}2\pi \bar{f}_0\left(\tau' - \frac{2u}{c}\right)\right\} \cdot$$
$$\delta(u - x\sin\theta - y\cos\theta)\,\mathrm{d}x\mathrm{d}y\mathrm{d}z\mathrm{d}u \qquad (5.73)$$

$$\bar{B}_f = aB_f, \bar{f}_0 = af_0$$

去掉载频项后,信号变为

$$Q(t,\tau') = \iiint_{u,x,y,z} g(x,y,z) \cdot \text{sinc}\left(\bar{B}_f\left(\tau' - \frac{2u}{c}\right)\right) \cdot \exp\left\{-j2\pi\bar{f}_0\frac{2u}{c}\right\} \cdot$$
$$\delta(u - x\sin\theta - y\cos\theta)\mathrm{d}x\mathrm{d}y\mathrm{d}z\mathrm{d}u \tag{5.74}$$

对式(5.74)在距离向做傅里叶变换,变换到距离频率域,可得

$$Q(t,f_\tau) = \iiint_{x,y,z} g(x,y,z) \cdot \exp\left\{-j\frac{4\pi}{c}(\bar{f}_0 + f_\tau)(x\sin\theta + y\cos\theta)\right\}\mathrm{d}x\mathrm{d}y\mathrm{d}z$$

$$\tag{5.75}$$

式(5.75)也可以写为

$$Q(t,f_\tau) = \iiint_{x,y,z} g(x,y,z) \cdot \exp\left\{-jk_r(x\sin\theta + y\cos\theta)\right\}\mathrm{d}x\mathrm{d}y\mathrm{d}z \tag{5.76}$$

$$k_r = \frac{4\pi}{c}(\bar{f}_0 + f_\tau)$$

进一步,定义

$$\begin{cases} k_x = k_r\sin\theta \\ k_y = k_r\cos\theta \end{cases} \tag{5.77}$$

则式(5.76)变为

$$Q(t,f_\tau) = G(k_x,k_y,0) \tag{5.78}$$

$$G(k_x,k_y,k_z) = \iiint g(x,y,z) \cdot \exp\left\{-j(k_x x + k_y y + k_z z)\right\}\mathrm{d}x\mathrm{d}y\mathrm{d}z \tag{5.79}$$

式中:$G(k_x,k_y,k_z)$为目标函数$g(x,y,z)$的三维频谱。

式(5.78)清楚地说明,雷达回波信号通过一定的预处理后,可以理解为目标三维频谱在两维谱平面上的切片。因此成像处理过程就是根据目标的两维频谱切片重构目标函数的过程。

4. 重构算法

根据上述理论推导,星载 SAR 两维回波信号经过一定的预处理后,是目标函数的三维傅里叶变换在两维平面上的一个切片,因此目标重构过程也是从傅里叶频谱重构目标空域函数的过程。考虑到数据在空间频域直角坐标系下的采样是非矩形格式的,因此为了利用快速傅里叶变换实现从频谱到图像的转换,同样需要采样格式的调整。因此,基于傅里叶重构的方法包括三个主要步骤,即数据预处理、频谱采样格式调整和两维 IFFT。

(1)数据预处理是将雷达两维回波信号转换成目标函数频谱的一个两维采样切片。根据前述推导,它主要包括脉冲压缩、距离重采样、信号解调和距离傅里叶变换四个步骤。但需要注意的是,前面推导时为了方便,把信号解调放到

了第三步，但实际上，回波信号往往是在模拟信号阶段就直接进行了解调，后面的处理都是针对解调且采样后的数据进行。因此，为了达到同样的效果，预处理操作需要稍微做一些调整，它包含脉冲压缩、距离重采样、相位调整和距离傅里叶变换四个步骤。其中，相位调整是为了补偿将信号解调操作放到 AD 采样前导致的相位变化。

假设经过解调后的回波信号表示为

$$Q(t,\tau) = \iiint_{rx,y,z} g(x,y,z) \cdot \mathrm{rect}\Big[\Big(\tau - \frac{2r}{c}\Big)\big/T_p\Big] \cdot \exp\Big\{\mathrm{j}\pi k\Big(\tau - \frac{2r}{c}\Big)^2\Big\} \cdot$$
$$\exp\Big\{-\mathrm{j}\frac{4\pi f_0}{c}r\Big\} \cdot$$
$$\delta\big(r - \sqrt{(x - R\sin\theta)^2 + (y - R\cos\theta)^2 + z^2}\big)\mathrm{d}x\mathrm{d}y\mathrm{d}z\mathrm{d}r$$

$$(5.80)$$

脉冲压缩处理跟常规算法一样，通常采用匹配滤波处理，即将距离向信号变换到距离频率域，乘以匹配滤波函数，再逆傅里叶变换返回时域。假设理想点目标回波信号压缩后的点散布函数可以近似为 sinc 函数，因此距离压缩后的解调信号可以表示为

$$Q(t,\tau) = \iiint_{rx,y,z} g(x,y,z) \cdot \mathrm{sinc}\Big(B_f\Big(\tau - \frac{2r}{c}\Big)\Big) \cdot \exp\Big\{-\mathrm{j}\frac{4\pi f_0}{c}r\Big\} \cdot$$
$$\delta\big(r - \sqrt{(x - R\sin\theta)^2 + (y - R\cos\theta)^2 + z^2}\big)\mathrm{d}x\mathrm{d}y\mathrm{d}z\mathrm{d}r$$

$$(5.81)$$

利用如式(5.68)所示冲激函数性质，式(5.81)也可以表示为

$$Q(t,\tau) = \iiint_{ux,y,z} g(x,y,z) \cdot \mathrm{sinc}\Big(B_f\Big(\tau - \frac{2r}{c}\Big)\Big) \cdot \exp\Big\{-\mathrm{j}\frac{4\pi f_0}{c}r\Big\} \cdot$$
$$\delta\big(u - (x\sin\theta + y\cos\theta)\big)\mathrm{d}x\mathrm{d}y\mathrm{d}z\mathrm{d}u \qquad (5.82)$$

预处理第二步是在距离向进行重采样，重采样实现变量替换的目的，即

$$\tau = \frac{2}{c}\sqrt{R^2 + R_0^2 - Rc\tau'} \qquad (5.83)$$

重采样将原来快时间 τ 域上均匀采样的数据重采样成新的快时间变量 τ' 域上均匀采样的数据。经过距离向重采样后的信号可以表示为

$$Q(t,\tau') = \iiint_{ux,y,z} g(x,y,z) \cdot \mathrm{sinc}\Big(\bar{B}_f\Big(\tau' - \frac{2u}{c}\Big)\Big) \cdot \exp\Big\{-\mathrm{j}\frac{4\pi f_0}{c}r\Big\} \cdot$$
$$\delta(u - x\sin\theta - y\cos\theta)\mathrm{d}x\mathrm{d}y\mathrm{d}z\mathrm{d}u \qquad (5.84)$$

为了达到跟式(5.74)一样的效果，预处理第三步是相位调整，即将

式(5.84)乘以相位调整函数,即

$$\exp\left\{ j\frac{4\pi}{c}(f_0 r - \bar{f}_0 u) \right\} \tag{5.85}$$

因此相位调整后,信号变为

$$Q(t,\tau') = \iiint\limits_{u,x,y,z} g(x,y,z) \cdot \mathrm{sinc}\left(\bar{B}_f\left(\tau' - \frac{2u}{c} \right) \right) \cdot \exp\left\{ -j2\pi\bar{f}_0 \frac{2u}{c} \right\} \cdot$$
$$\delta(u - x\sin\theta - y\cos\theta)\,\mathrm{d}x\mathrm{d}y\mathrm{d}z\mathrm{d}u \tag{5.86}$$

预处理的最后一步是距离向傅里叶变换,将式(5.86)变换到距离频率域,有

$$Q(t,f_\tau) = \iiint\limits_{u,x,y,z} g(x,y,z) \cdot \exp\left\{ -j\frac{4\pi}{c}(\bar{f}_0 + f_\tau) u \right\} \cdot$$
$$\delta(u - x\sin\theta - y\cos\theta)\,\mathrm{d}x\mathrm{d}y\mathrm{d}z\mathrm{d}u \tag{5.87}$$

利用冲激函数的积分性质,式(5.87)也可以写为

$$Q(t,f_\tau) = \iint\limits_{x,y,z} g(x,y,z) \cdot \exp\left\{ -j\frac{4\pi}{c}(\bar{f}_0 + f_\tau)(x\sin\theta + y\cos\theta) \right\}\mathrm{d}x\mathrm{d}y\mathrm{d}z \tag{5.88}$$

实际上,式(5.88)中三维目标分布函数仅分布在地球球面上,本质上是二维曲面上的分布函数。假设该分布函数投影到轨道平面(XY平面)的函数为 $r(x,y)$,则球面上的三维分布函数可以表示为

$$g(x,y,z) = r(x,y) \cdot \delta\left(z - \sqrt{R_0^2 - x^2 - y^2} \right) \tag{5.89}$$

要重构目标函数 $g(x,y,z)$,实际上只要重构出 $r(x,y)$ 即可。

将式(5.89)代入式(5.88),可得

$$Q(t,f_\tau) = \iint\limits_{x,y} r(x,y) \cdot \exp\left\{ -j\frac{4\pi}{c}(\bar{f}_0 + f_\tau)(x\sin\theta + y\cos\theta) \right\}\mathrm{d}x\mathrm{d}y \tag{5.90}$$

此时,两维信号变为投影函数 $r(x,y)$ 两维频谱的一个极坐标格式采样。形式上,式(5.90)跟传统极坐标格式算法很类似,但又存在几点区别。一是传统极坐标格式算法中将雷达回波信号转换为目标函数频谱采样数据时存在平面波前假设近似,但在球面几何算法中,没有采取任何近似。二是式(5.90)中载频、距离频率和角度的定义都跟传统极坐标格式算法有区别。在式(5.90)中,载频和距离频率是距离向重采样后的信号载频和频率,和原始信号距离向载频和频率不再相同;传统极坐标格式算法中方位角是相对场景中心的,而球面几何算法中方位角是相对于地球球心的。

(2)为了利用快速傅里叶变换实现从如式(5.90)所示频谱到目标图像的转换,球面几何算法中的频谱采样格式调整是将极坐标格式的采样数据通过重采样转换为矩形格式的采样数据。从信号表示的角度,这一步骤是对式(5.90)中自变量做进一步的解耦,使相位项中 x 的系数变为方位自变量的线性函数,y 项的系数变为距离自变量的线性函数,通常有两种实现方式。

一种实现方式是直接进行两维变量替换,即令

$$\begin{cases} k_x = \dfrac{4\pi}{c}(\bar{f}_0 + f_\tau)\sin\theta \\ k_y = \dfrac{4\pi}{c}(\bar{f}_0 + f_\tau)\cos\theta \end{cases} \tag{5.91}$$

这种方式具体实现时,就是通过一个两维重采样,直接将极坐标格式采样数据转换为矩形采样格式数据。

另一种实现方式是通过两个一维变量替换实现。通过对距离变量做一维变量替换,实现 y 项系数中两维自变量的解耦,使其仅为距离自变量的线性函数,即

$$\frac{4\pi}{c}(\bar{f}_0 + f_\tau)\cos\theta \xrightarrow{\ f_\tau = \zeta(\hat{f}_\tau)\ } \frac{4\pi}{c}(\bar{f}_0 + \hat{f}_\tau) \tag{5.92}$$

为此,可以得到变量替换的解析表达式为

$$f_\tau = \frac{1}{\cos\theta}\hat{f}_\tau + \left(\frac{1}{\cos\theta} - 1\right)\bar{f}_0 \tag{5.93}$$

式(5.93)表明,距离向变量替换实质上是对距离频率做一个带偏置的尺度变换。由于 θ 随不同脉冲变化,因此每一个脉冲的尺度变换因子和偏置都不相同。距离向的尺度变换,可以通过调整采样位置的插值实现,也可以保持采样位置不变而通过对信号做尺度变换实现(只需要复数乘和 FFT 操作)。如图 5.18 所示,变量替换后希望在新的变量上均匀间隔采样,如图 5.18 中横坐标所示采样位置。通过式(5.93)映射到纵坐标三角形对应位置,而纵坐标上圆圈代表原有采样位置,因此通过在原有坐标轴上重采样使得输出三角形所在位置处数据,那么对应的新坐标就是希望输出的均匀采样数据。

通过距离向变量替换后,信号变为

$$Q(t, \hat{f}_\tau) = \iint\limits_{x,y} r(x,y) \cdot \exp\left\{-\mathrm{j}\frac{4\pi}{c}(\bar{f}_0 + \hat{f}_\tau)(x\tan\theta + y)\right\}\mathrm{d}x\mathrm{d}y \tag{5.94}$$

此时,相位项中 y 项系数已解耦完成,变为仅有距离频率变量的线性函数,但 x 的系数中仍存在两个自变量的耦合。为此,还需在方位向上做一个变量替换,使 x 的系数变为仅为方位自变量的线性函数,即

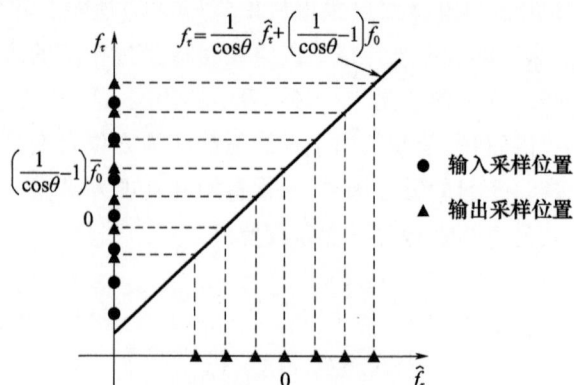

图 5.18　距离向重采样位置

$$\frac{4\pi}{c}(\bar{f}_0+\widehat{f}_\tau)\tan\theta \xrightarrow{t=\xi(\widehat{t})} \frac{4\pi}{c}\bar{f}_0\Omega\,\widehat{t} \tag{5.95}$$

$$\Omega=\frac{\mathrm{d}\tan\theta}{\mathrm{d}t}\Big|_{t=0}$$

根据式(5.95),可以得到新旧方位时间变量之间的关系为

$$\widehat{t}=\frac{(\bar{f}_0+\widehat{f}_\tau)}{\bar{f}_0\Omega}\tan\theta(t) \tag{5.96}$$

实际实现时可通过方位一维插值来完成,如图 5.19 所示。重采样后希望在新的时间坐标轴 $\widehat{t}$ 上是均匀采样的,如纵坐标为三角形所在位置,这些采样

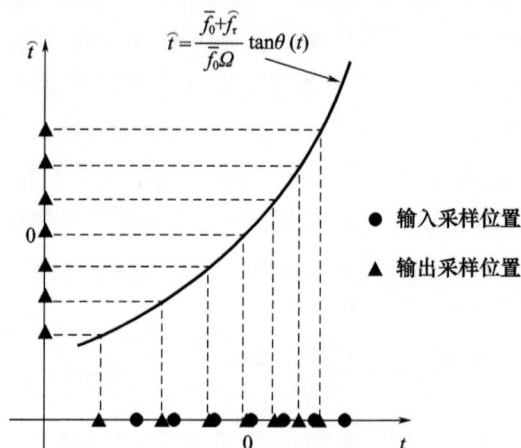

图 5.19　方位向重采样位置

134

位置通过式(5.94)映射到原有方位时间轴上的位置对应横坐标上三角形,而圆圈代表原有方位时间采样位置。因此通过在原有方位时间轴上重采样,输出三角形所在位置数据,即可得到在新坐标上均匀采样的数据。

经过方位重采样后,式(5.94)所示信号变为

$$Q(\hat{t}, \hat{f}_\tau) = \iint_{x,y} r(x,y) \cdot \exp\left\{-\mathrm{j}\left[\frac{4\pi}{c}\bar{f}_0\hat{\Omega t} \cdot x + \frac{4\pi}{c}(\bar{f}_0 + \hat{f}_\tau) \cdot y\right]\right\}\mathrm{d}x\mathrm{d}y$$

$$(5.97)$$

此时信号两维解耦完成,相位项中 x 项的系数只是方位时间变量的线性函数,y 项系数只是距离频率变量的线性函数。为了简化符号表示,也可以重新定义自变量(线性变量替换,对信号无需做任何操作),即

$$\begin{cases} k_x = \dfrac{4\pi}{c}\bar{f}_0\hat{\Omega t} \\ k_y = \dfrac{4\pi}{c}(\bar{f}_0 + \hat{f}_\tau) \end{cases} \qquad (5.98)$$

则式(5.97)也可以表示为

$$Q(k_x, k_y) = \iint_{x,y} r(x,y) \cdot \exp\{-\mathrm{j}[k_x \cdot x + k_y \cdot y]\}\mathrm{d}x\mathrm{d}y \qquad (5.99)$$

(3)球面几何算法的最后一部分是两维 IFFT。对式(5.99)做两维 IFFT,就可以得到 $r(x,y)$ 的一个估计,即目标的两维高分辨率图像。

球面几何算法总的处理流程如图 5.20 所示。

5.3.7　算法比较

上述算法虽然从本质上都是基于傅里叶重构思想,但具体实现时由于采用的近似不同、实现所在的域不同,导致算法也存在很多的差异。下面从聚焦精度(距离历程近似程度)、运算量、频谱支撑区、解耦所在域和 PRF 要求等方面比较不同算法的性能。实际工程应用时,需要结合实际需求,综合考虑这些因素,再确定具体选择何种成像处理算法。

1. 聚焦精度

聚焦精度是成像算法的核心指标。从上面的分析中已经看到,不同算法的聚焦精度主要体现在对目标到雷达的距离历程的近似程度上。

(1)多普勒波束锐化算法对距离历程采用了一阶近似,算法精度最差,当合成孔径长度变长时,合成孔径时间内目标多普勒频率变化不能忽略时其聚焦效果变差。

回波信号

距离压缩

距离重采样

距离FFT

相位补偿

距离插值

方位插值

两维IFFT

SGA图像

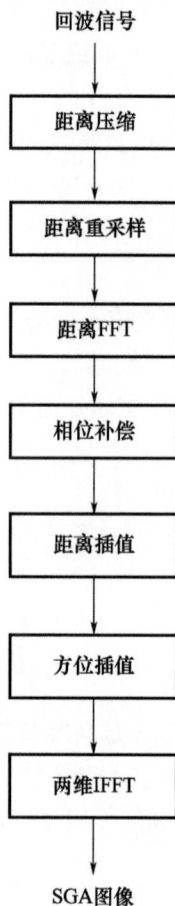

图 5.20　球面几何算法处理流程图

　　(2)距离多普勒算法和尺度变标算法对距离历程采用了二阶泰勒展开近似,精度较多普勒波束锐化有了很大提高,而且它们的后续改进算法还可以进一步考虑三阶和四阶多项式,但这些算法的聚焦精度会随着斜视角的增加急剧恶化,因此在大斜视条件下其性能不够理想。

　　(3)极坐标格式算法对距离历程采用了平面波前假设近似,这种近似的精度跟斜视角无关,因此可以适用任何斜视角,但该算法要求目标处于雷达的远场,当目标场景较大、成像距离较近或者分辨率特别高时其聚焦性能将变差。

　　(4)卷积反投影算法既可适用平面波前假设也可以适用球面波前,在考虑球面波前时,算法对距离历程无任何近似,因此是一种完全精确的成像处理算法。

（5）距离徙动算法和球面几何算法也对距离历程没有采取近似，因此也是完全精确的成像处理算法。

2. 运算量

算法的运算量主要取决于成像处理过程中是逐像素处理还是批处理，同时还取决于是在时域实现相关处理还是频域实现相关处理。由于不同算法中距离向脉冲压缩处理几乎无差别，因此算法差异主要体现在方位向处理的不同上。卷积反投影算法是在方位时域对雷达照射目标区域逐像素处理，因此计算效率最差。其他几种算法都是在频域进行批处理，计算效率相比时域算法有极大改善，不同算法从总的量级来看具有相似的计算效率，但具体又由于操作步骤和数量不同而略有区别。

（1）多普勒波束锐化算法方位向处理只需要做一个简单的 FFT，因此算法计算效率最高。

（2）距离多普勒算法、极坐标格式算法、距离徙动算法和球面几何算法相对多普勒锐化算法处理步骤增多，而且都涉及对信号进行插值处理，因此从工程实现来说计算量和难度相对增加。

（3）尺度变标算法是对距离多普勒算法的改进，利用复数乘和 FFT 操作避免了插值操作，计算效率相对更高。

3. 频谱支撑区

理论上来说，对于聚束模式合成孔径雷达，由于位于不同位置的点在合成孔径时间内具有不同的多普勒谱，因此不同目标具有不同的频谱支撑区，如图 5.21 所示。

距离多普勒算法、尺度变标算法和距离徙动算法是通过傅里叶变换将信号变换到空间频率域，因此自然都考虑了不同点目标的频谱支撑区差异。极坐标格式算法和球面几何算法在方位向通过 Dechirp 处理变换到空间频率域，由于不同目标信号在方位向是完全重叠的，因此通过 Dechirp 处理（仅仅是复数乘操作）变换到空间频率域后仍然是完全重叠的，即对于不同目标认为它们具有相同的频谱支撑区。就成像算法而言，考虑频谱支撑区的差异是正确的，因为它们本来就有差异，这也是距离徙动算法为精确成像算法、极坐标格式算法为近似算法的一个原因（球面几何算法虽然也认为目标频谱支撑区是相同的，但由于球面几何算法的频谱不是在目标所在的平面，而是在轨道平面内，因此其也是精确成像算法）。但从后续的自聚焦处理来看，却不希望频谱是错位的。因为通常认为不同目标的信号方位相位误差在原始数据域是近似空不变的，但如果变换到空间频率域后不同信号支撑区错位,导致相位误差也错位,这给后续基于图像后处理的自聚焦算法带来了困难。这也是 PGA 自聚焦算法理论上只适用于 PFA 这种空间频谱不错位的算法的原因。如果要将其应用于卷积反投影或者距离徙动算法,还需要做一些改进,消除误差空变性。

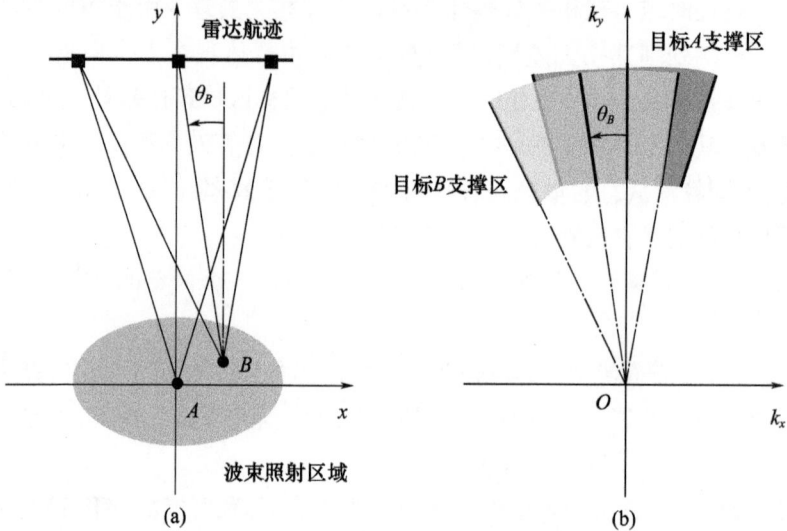

图 5.21 不同位置的目标的频谱差异

4. 处理所在域

根据算法主要处理操作所在的域,通常将算法分为时域算法和频域算法。同样,因为不同算法的距离处理并无本质区别,因此主要考虑方位处理所在的域。卷积反投影算法整个处理过程都在方位时域完成,是典型的时域算法。距离多普勒算法、尺度变标算法和距离徙动算法主要的处理过程都是在方位频域完成,是典型的频域处理算法。极坐标格式算法和球面几何算法前面大部分的操作在方位时域完成,后面又利用傅里叶变换,因此属于时频域混合处理算法。

5. 非线性航迹适应性

对于频域算法,由于一开始就需要将方位信号通过 FFT 变换到方位频率域,因此需要信号在方位是均匀采样的,在雷达 PRF 固定情况下要求雷达平台具有线性均匀的飞行航迹。当实际雷达存在非线性航迹时,需要在成像处理前或者处理过程中增加运动补偿过程。而时域算法一直在时域处理,无需 FFT 操作,因此可以适用任意航迹。时频混合算法,如极坐标格式算法和球面几何算法,虽然也要做方位 FFT,但 FFT 前的操作本身会对数据进行重采样,使得数据变为均匀采样,因此这些算法也适用于非线性雷达航迹。

6. PRF 要求

从信号理论观点,只要方位信号采样率(脉冲重复频率 PRF)在任意时刻都大于信号瞬时带宽,就能完整保留整个信号信息,因此从系统设计角度,PRF 只需要大于信号瞬时带宽即可。但对于成像算法而言,不同的成像算法对 PRF 有不同的要求。对于聚束模式而言,合成孔径时间内方位信号整个带宽取决于波束宽度决定的瞬时带宽和波束指向改变带来的频谱展宽。在合成孔径内,瞬时带宽会随着斜视角的变化稍有变化,但波束指向改变导致的频谱展开会随着合成孔径的增加而快速增加,进而导致在高分辨率模式下整个信号带宽远大于信号瞬时带宽。对于频域处理算法,由于一开始就需要进行方位 FFT 操作,因此需要 PRF 大于整个信号带宽,特别是在系统 PRF 仅满足大于瞬时带宽的情况下,需要对方位信号进行升采样来提高 PRF。对于时域卷积反投影算法,由于无需 FFT 操作,因此 PRF 需要满足大于瞬时带宽。而对于极坐标格式算法和球面几何算法,虽然也存在 FFT,但 FFT 处理前由于方位采用了 Dechirp 处理,因此信号带宽被降低到了瞬时带宽的大小,因此其 PRF 需要大于瞬时带宽。

第6章 SAR图像自聚焦技术

高分辨率 SAR 图像的获得,依赖于先进的雷达数据采集技术、高精度的运动传感器技术以及高效精确的成像信号处理技术。其中,高效精确的 SAR 成像信号处理的关键在于方位脉冲域的信号相参积累处理。这种相参处理依赖于精确获知雷达和目标之间的瞬时相对位置关系信息。在前面的讨论中,都假设这种相对几何关系是精确已知的,因此只要成像算法足够精确,通过成像算法处理就可以获得目标的精确聚焦图像。

在实际应用中,受雷达位置扰动和电磁波传播介质不均匀等因素影响,这种相干性往往很难直接得到保证。目前采取的主要措施是增加辅助的运动测量单元(如 GPS 和 IMU 等)来测量获取雷达位置信息,而忽略传播介质不均匀的影响。然而,随着雷达成像分辨率的不断提高,运动测量单元提供的位置信息精度可能仍然无法满足相干处理的精度要求(现代高分辨率 SAR 成像处理中,距离历程精度往往要求达到厘米甚至毫米量级)。同时,传播介质不均匀导致的雷达回波延迟误差效应,在远距离成像时也变得不可忽略,且无法通过测量设备获取。因此,研究从雷达回波数据中提取并补偿误差的办法,即自聚焦技术,是降低系统成本、保证成像鲁棒性的有效途径。

要通过自聚焦估计和补偿运动误差,首先需要知道运动误差对 SAR 成像的影响。雷达与目标之间的相对瞬时距离误差会对 SAR 回波信号产生较大影响,主要体现在:一是会在方位脉冲域引入相位误差,导致成像结果发生方位散焦;二是会产生额外的距离徙动,在 SAR 成像算法处理过程中无法得到补偿,而且经过成像算法处理后,残留距离徙动效应还会导致图像距离向出现二次散焦。因此,由距离测量误差引起的 SAR 回波信号相位误差本质上是一种两维误差。不过,如果距离误差较小,且产生的额外距离徙动小于一个距离分辨单元,这时残留距离徙动效应可以忽略不计,因此自聚焦时只需估计和补偿方位一维相位误差,这是目前常规自聚焦算法(典型算法如子孔径算法、相位梯度自聚焦算法、基于图像锐化度的方法等)假设的前提,这种假设在中低分辨率成像条件下是合理的。然而,随着成像分辨率的不断提高,特别是雷达搭载在无人机等大机动平台时,残留距离徙动跨越距离单元将变得不可避免,导致 SAR 图像两维散焦效应严重,已成为制约新一代超高分辨率机载 SAR 系统(尤其是无人机载系统)性能进一步提升的主要限制因素。在国内,这一问题尤为严重,一方面受运动传感器测量精度等硬件限制,另一方面通过提高运动传感器测量精度又会导致成本太高且无法彻底解决两维散焦。因此,研究开发精确、高效的两维自聚焦算法已成为解决该问题的最佳途径。

本章首先给出了 SAR 信号在相位历史域和空间频率域的相位误差模型,并分析了相位误差对 SAR 成像结果的影响;然后介绍了两种典型一维自聚焦算法,即 MapDrift 算法(MD 算法)和相位梯度自聚焦算法(Phase Gradient Autofocus,PGA);最后介绍了先验相位结构信息辅助的两维自聚焦算法。

6.1　相位误差模型

SAR 距离向的脉冲压缩处理完全依赖于发射信号波形,跟雷达的运动几何无关,只要发射信号波形已知,距离向就可以实现精确的聚焦成像,以当前的雷达技术水平,距离向的精确压缩处理完全不成问题。因此,下面仅考虑距离压缩后的信号模型。

6.1.1　相位历史域相位误差模型

经过距离向压缩后的两维回波信号可以表示为

$$Q(t,\tau) = \sum_{i=1}^{N} \sigma_i \cdot \mathrm{sinc}\left[B\left(\tau - \frac{2R_{pi}(t)}{c}\right)\right] \cdot \exp\left\{-\mathrm{j}\frac{4\pi}{c}f_0 R_{pi}(t)\right\} \quad (6.1)$$

这里假设场景中包含 N 个点目标,第 i 个点目标的回波强度记为 σ_i,到雷达的瞬时距离记为 $R_{pi}(t)$,距离向压缩后点目标响应函数假设为理想的 sinc 函数。

为了分析方便,将其转换到相位历史域(对式(6.1)做距离向傅里叶变换),回波信号模型可以表示为

$$Q(t,f_\tau) = \sum_{i=1}^{N} \sigma_i \cdot \exp\left\{-\mathrm{j}\frac{4\pi}{c}(f_0 + f_\tau) R_{pi}(t)\right\} \quad (6.2)$$

相位中载频相关的项为方位调制项,既包含有用的目标方位位置信息,也包含无用的高阶相位调制;距离频率相关的项为距离徙动项,同样包含有用的目标距离位置信息,也包含有不希望的距离徙动。当 $R_{pi}(t)$ 完全已知时,通过精确的 SAR 成像算法处理,上述高阶相位调制和距离徙动都能得到有效校正。

实际上,由于运动测量单元测量精度有限或者由于介质非均匀导致的电磁

波非理想传播,目标到雷达的瞬时距离可以分解成已知和未知两个部分,即

$$R_{pi}(t) = R_{bi}(t) + R_{ei}(t) \qquad (6.3)$$

式中:$R_{bi}(t)$ 为已知项;$R_{ei}(t)$ 为未知项。

理论上,对于不同位置的目标,其已知项和未知项都各不相同。但在实际应用中,特别是远场条件下,未知项因为本身相对较小,因此其空变性往往可以忽略不计。也就是说,波束照射场景内不同的点目标具有近似相同的距离误差。因此,式(6.3)也可以记为

$$R_{pi}(t) = R_{bi}(t) + R_e(t) \qquad (6.4)$$

将其代入式(6.2),回波信号模型可以重写为

$$Q(t, f_\tau) = \sum_{i=1}^{N} \sigma_i \cdot \exp\left\{ -j\frac{4\pi}{c}(f_0 + f_\tau)\left[R_{bi}(t) + R_e(t) \right] \right\} \qquad (6.5)$$

SAR 成像算法处理过程只考虑了已知项的影响,并把未知项当作误差,因此在相位历史域,两维相位误差可以表示为

$$\Phi_e(t, f_\tau) = \frac{4\pi}{c}(f_0 + f_\tau)R_e(t) = \frac{4\pi f_0}{c}R_e(t) + \frac{4\pi f_\tau}{c}R_e(t) \qquad (6.6)$$

该相位误差包含两部分,其中:载频相关的项称为方位相位误差;而距离频率相关的项对应残留的距离徙动。

6.1.2 空间频率域相位误差模型

上面给出了在相位历史域的两维相位误差形式,固然可以直接在该域分析相位误差对最终 SAR 图像的影响,但由于从相位历史域到最终 SAR 图像域,在不同的 SAR 成像算法中要经过不同的处理,因此往往无法统一分析相位误差对 SAR 图像的精确影响。举个简单的例子,如果距离误差中包含一个线性项,在简单的多普勒波束锐化算法中,该线性项对应的线性距离走动没有得到校正,如果不能忽略时,会导致图像两维散焦,但对于极坐标格式算法,由于其方位向插值内嵌了一个 Keystone 变换,因此虽然成像处理过程中不知道该线性误差项的大小,但通过成像处理后所有线性距离徙动项都得到了校正,因此最终图像就不会出现两维散焦。

由于空间频率域与最终 SAR 图像域之间存在简单的傅里叶变换关系,因此更希望得到相位误差在空间频率域的表示形式。在第 5 章的分析中已经知道,不同的成像算法从相位历史域到空间频率域,实质上都经过了两维的变量替换(只不过不同成像算法中两维变量替换的具体形式不同),不妨假设该两维变量替换可以表示为

$$\begin{cases} t = \zeta(k_x, k_y) \\ f_\tau = \xi(k_x, k_y) \end{cases} \tag{6.7}$$

因此,通过映射到空间频率域后,式(6.6)所示两维相位误差可以表示为

$$\Phi_e(k_x, k_y) = \frac{4\pi}{c}[f_0 + \xi(k_x, k_y)] \cdot R_e(\zeta(k_x, k_y)) = \frac{4\pi}{c}[f_0 + \xi(k_x, k_y)] \cdot \eta(k_x, k_y) \tag{6.8}$$

式中:$\eta(k_x, k_y) = R_e(\zeta(k_x, k_y))$。

通常情况下,经过映射到空间频率域后,相位误差的形式将变得更加复杂。为了分析相位误差对最终 SAR 图像的影响,可以对式(6.8)在空间频率域信号支撑区中心做两维泰勒展开,有

$$\begin{aligned} \Phi_e(k_x, k_y) = a_0 + a_1(k_x - k_{xc}) + a_2(k_y - k_{yc}) + a_3(k_x - k_{xc})^2 + \\ a_4(k_y - k_{yc})^2 + a_5(k_x - k_{xc})(k_y - k_{yc}) + \cdots \end{aligned} \tag{6.9}$$

式中:(k_{xc}, k_{yc}) 为空间频率域支撑区中心坐标。由式(6.9)可知,一次相位误差使最终图像发生额外的移位,导致图像发生几何位置失真;二次项误差包含三项,导致目标图像发生两维散焦,其中距离向二次项使图像距离向发生散焦,方位二次项使目标图像方位向散焦,交叉项对应线性距离徙动,使图像两维散焦;更高阶项也使图像发生散焦。

对式(6.8),也可以只在距离波数域进行泰勒展开,有

$$\Phi_e(k_x, k_y) = \Phi_0(k_x) + \Phi_1(k_x)(k_y - k_{yc}) + \Phi_3(k_x)(k_y - k_{yc})^2 + \cdots \tag{6.10}$$

式中:第一项与距离频率无关,只是方位空间频率的函数,称为方位相位误差项;第二项为距离频率的线性项,其系数对应残留距离徙动;距离频率的高阶项使目标出现距离向二次散焦。

6.1.3　相位误差对 SAR 图像影响

由于空间频率域与最终 SAR 图像域之间存在一个简单的傅里叶变换关系,因此根据空间频率域的误差形式,就可以很方便地预测相位误差中不同形式误差对最终 SAR 图像的影响。

理论上,式(6.9)所示泰勒展开存在无穷多误差项,但实际上对最终 SAR 成像结果有影响的一般是其前面的几项。其中,常数项无论是对图像几何失真还是聚焦效果都无影响,因此可以忽略不计(干涉应用除外);线性项对应使目标位置发生偏移,如果这种偏移还存在空变性,则会使图像产生几何失真;二阶

项中包含三项,其中方位波数的二阶项使目标发生方位散焦,距离波数的二阶项对应使目标发生距离向散焦(尽管一开始脉冲压缩后距离向已完全聚焦),两维线性耦合项对应线性距离徙动,如不补偿将使图像发生两维散焦。

从式(6.10)来看,两维相位误差主要包括三个部分:第一部分跟距离频率无关,称为方位相位误差项,它的存在将使目标在 SAR 图像中发生方位散焦;第二部分是距离频率的线性函数,其系数对应残留的距离徙动,将使目标发生两维散焦;第三部分是距离频率的高阶项,主要使目标发生距离散焦和两维散焦。上述三个部分对实际 SAR 成像结果的影响逐项递减,第一部分对 SAR 聚焦成像的影响最大,第二部分只有在分辨率特别高且运动测量系统精度不是特别高时其影响才不可忽略,例如分辨率达到分米甚至厘米级的机载 SAR 系统,而第三部分对于目前绝大部分的实际 SAR 系统一般都可以忽略不计。图6.1 和图6.2分别给出了典型一维散焦 SAR 图像和两维散焦 SAR 图像以及经过自聚焦处理后的效果。

因此,对于大部分 SAR 系统而言,由于位置测量误差引起的相位误差主要是方位一维的相位误差,残留距离徙动和距离二次散焦效应可以忽略不计,因此对残留相位误差的估计和补偿只需要采取一维自聚焦技术即可。只有当分辨率特别高和运动测量单元精度特别差时,才可能需要考虑两维自聚焦技术,例如厘米量级分辨率的机载 SAR,或者无法安装高精度运动传感器的高分辨率微型无人机 SAR。

下面分别介绍几种具备较好工程应用价值的一维和两维自聚焦技术。

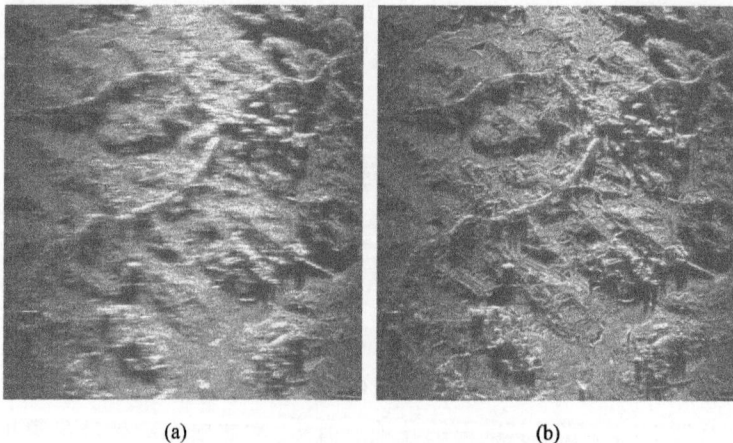

(a)　　　　　　　　　　(b)

图6.1　一维散焦 SAR 图像及自聚焦结果

(a)一维散焦 SAR 图像;(b)自聚焦结果。

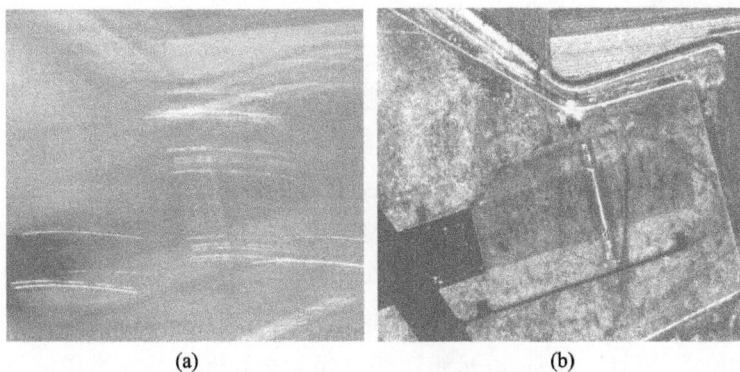

(a)　　　　　　　　　　　　　(b)

图 6.2　二维散焦 SAR 图像及自聚焦结果

(a)二维散焦 SAR 图像;(b)两维自聚焦结果。

6.2　一维自聚焦技术

目前主流的自聚焦算法绝大部分都是只考虑了一维方位相位误差的一维自聚焦技术。一维自聚焦方法假设残留距离徙动和距离二次散焦效应可以忽略,只在方位一维估计和补偿方位相位误差。根据在估计方位相位误差时是否对相位误差进行参数化建模,可以将自聚焦方法分为参数化自聚焦和非参数化自聚焦两种。参数化自聚焦假设相位误差满足某种参数化模型,进而将对相位误差的估计转化为对相位误差模型中少量参数的估计,极大降低了待估参数的维数,因此一般具有更好的参数估计精度和计算效率,但缺点是需要实际数据的相位误差满足假设的误差模型,因此算法的通用性相对较差。而非参数化自聚焦算法对相位误差模型无假设,因此具有最好的通用性,但由于待估参数多,因此算法的估计精度和计算效率更具挑战。下面介绍其中两种比较经典且得到大量实际工程应用的一维自聚焦算法,即 MD 算法和 PGA 算法。

6.2.1　MD 算法

MD 算法是一种参数化的自聚焦算法,它假设方位相位误差可以建模为低阶多项式,然后将对方位相位误差的估计转化为对多项式系数的估计。该算法由 Mancill 等在 20 世纪 70 年代中期提出,由于对低阶相位误差具有较好的估计精度且计算效率高,在大量实际系统中得到了广泛应用。下面介绍 MD 中最简单的一种实现方法,它假设方位相位误差可以建模为二次相位误差。

145

1. 算法思想

在二次相位误差模型假设下,对方位相位误差的估计,可以转化为对二次项系数的估计,从而极大地降低待估误差参数的维数。MD 算法的思想非常简单:二次函数在不同的子孔径内具有不同的线性分量,线性项的大小取决于二次项系数和子孔径的位置,因此如果能估计出线性项就等效于估计出了二次项系数。对于线性项的估计,利用了空间频率域的线性相位项对应于目标在图像域的位置偏移这一特性。但在单个孔径内,通常是无法有效提取线性相位误差的。一方面,线性相位误差不会导致图像散焦,因此无法通过目标的散焦情况来估计相位误差;另一方面,虽然线性相位误差会导致目标在图像域发生额外的方位位置偏移,但由于目标本身的真实方位位置也是未知的,因此实际上也无法在图像域有效提取由线性相位误差导致的图像偏移。尽管单个子孔径内的绝对线性相位误差无法估计,但通过对多个不同子孔径的联合处理,可以有效估计出不同子孔径数据之间的相对线性相位差,也就是说,虽然不能估计出每个子孔径内的绝对线性相位误差,但可以估计出不同子孔径之间的相对线性相位误差。如图 6.3 所示,将全孔径数据均分成两个不重叠的子孔径,在左右两个子孔径内,对相位误差进行分解,每个子孔径内的相位都可以分解成常数相位、线性相位和二次相位三项。其中,常数相位和二次相位项在两个子孔径内是相同的,而线性相位项则大小相等符号相反。因此如果将两个子孔径数据分别通过逆傅里叶变换转换到图像域,两个子孔径图像将向相反方向偏移。通过在图像域对两个子孔径图像做相关处理,可以估计出两个图像的相对图像偏移量,从而得到两个子孔径之间的相对线性相位误差,再利用线性相位与二次项系数的关系就可以估计得到二次项系数。

2. 算法解析推导

在空间频率域,两维 SAR 信号可以建模为

$$Q(k_x, k_y) = \left\{ \sum_{i=1}^{N} \sigma_i \cdot \exp\{ \mathrm{j}[k_x x_i + k_y y_i] \} \right\} \cdot \exp(\mathrm{j} a k_x^2) \qquad (6.11)$$

式中:ak_x^2 为所有 N 个点目标共同的二次相位误差。MD 算法的目标就是要估计出该二次项的系数,进而对该二次项相位进行补偿。由于该相位误差只在方位一维相位误差,因此理论上只需要一个距离门的方位数据就可以估计出该相位误差。为此,只考虑一个距离门的数据,假设距离向已压缩,且选取其中一个距离门,数据可以建模为

$$Q(k_x) = \left\{ \sum_{i=1}^{M} \sigma_i \cdot \exp\{ \mathrm{j} k_x x_i \} \right\} \cdot \exp(\mathrm{j} a k_x^2) \qquad (6.12)$$

式中:M 为该距离门内点目标的个数。

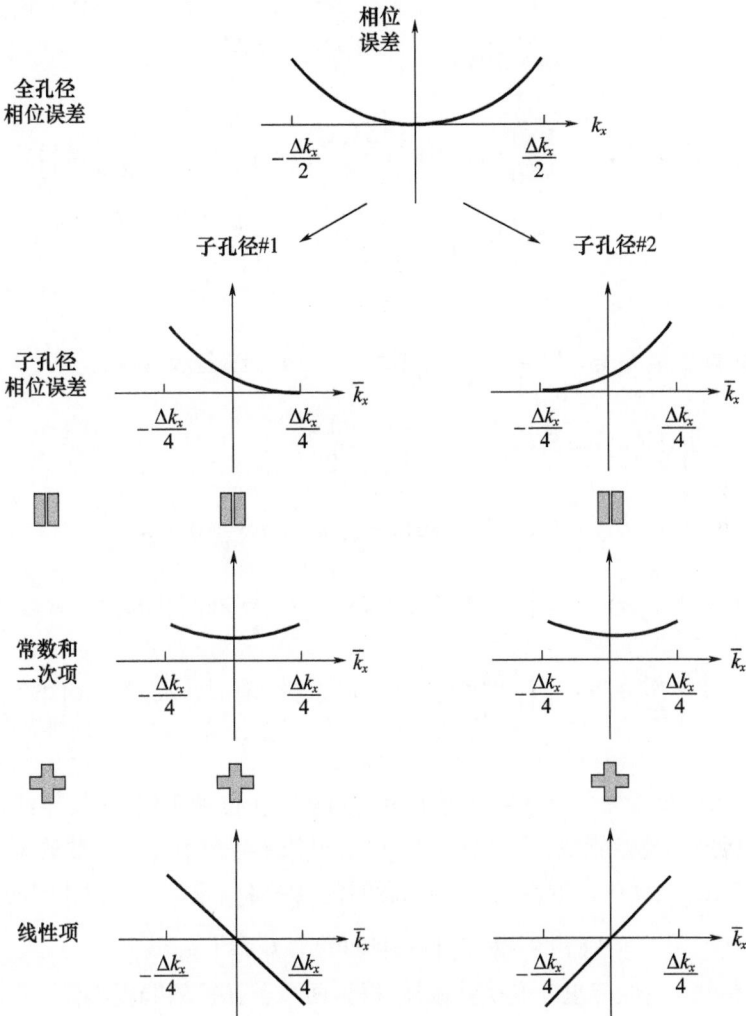

图 6.3　MD 算法原理示意图

假设 k_x 的范围为 $[-\Delta k_x/2, \Delta k_x/2]$,将其均分成相邻但不重叠的两个子孔径,一个子孔径的范围为 $[-\Delta k_x/2,0]$,另一个子孔径的范围为 $[0,\Delta k_x/2]$。将两个子孔径数据在各自孔径中心处展开,有

$$\begin{cases} Q_1(k_x) = S_1(k_x) \cdot \exp\left\{-\mathrm{j}\dfrac{a\Delta k_x}{2}\left(k_x + \dfrac{\Delta k_x}{4}\right)\right\}, & -\dfrac{\Delta k_x}{2} \leqslant k_x \leqslant 0 \\ Q_2(k_x) = S_2(k_x) \cdot \exp\left\{\mathrm{j}\dfrac{a\Delta k_x}{2}\left(k_x - \dfrac{\Delta k_x}{4}\right)\right\}, & 0 \leqslant k_x \leqslant \dfrac{\Delta k_x}{2} \end{cases} \tag{6.13}$$

$$
\begin{cases}
S_1(k_x) = \left\{ \displaystyle\sum_{i=1}^{M} \sigma_i \cdot \exp\left\{ -\mathrm{j}\frac{\Delta k_x x_i}{4} \right\} \cdot \exp\left\{ \mathrm{j}\left(k_x + \frac{\Delta k_x}{4} \right) x_i \right\} \right\} \cdot \\
\qquad\qquad \exp\left\{ \mathrm{j}\left[a\left(k_x + \frac{\Delta k_x}{4} \right)^2 + a\left(\frac{\Delta k_x}{4} \right)^2 \right] \right\} \\
S_2(k_x) = \left\{ \displaystyle\sum_{i=1}^{M} \sigma_i \cdot \exp\left\{ \mathrm{j}\frac{\Delta k_x x_i}{4} \right\} \cdot \exp\left\{ \mathrm{j}\left(k_x - \frac{\Delta k_x}{4} \right) x_i \right\} \right\} \cdot \\
\qquad\qquad \exp\left\{ \mathrm{j}\left[a\left(k_x - \frac{\Delta k_x}{4} \right)^2 + a\left(\frac{\Delta k_x}{4} \right)^2 \right] \right\}
\end{cases}
$$

$$(6.14)$$

定义新的自变量 $\bar{k}_x \in \left(-\dfrac{\Delta k_x}{4}, \dfrac{\Delta k_x}{4} \right)$，则式$(6.13)$可以表示为

$$
\begin{cases}
Q_1(\bar{k}_x) = S_1(\bar{k}_x) \cdot \exp\left\{ -\mathrm{j}\dfrac{a\Delta k_x}{2}\bar{k}_x \right\}, \ -\dfrac{\Delta k_x}{4} \leqslant \bar{k}_x \leqslant \dfrac{\Delta k_x}{4} \\
Q_2(\bar{k}_x) = S_2(\bar{k}_x) \cdot \exp\left\{ \mathrm{j}\dfrac{a\Delta k_x}{2}\bar{k}_x \right\}, \ -\dfrac{\Delta k_x}{4} \leqslant \bar{k}_x \leqslant \dfrac{\Delta k_x}{4}
\end{cases}
$$

$$(6.15)$$

$$
\begin{cases}
S_1(\bar{k}_x) = \left\{ \displaystyle\sum_{i=1}^{M} \sigma_i \cdot \exp\left\{ -\mathrm{j}\frac{\Delta k_x x_i}{4} \right\} \cdot \exp\{ \mathrm{j}\bar{k}_x x_i \} \right\} \cdot \exp\left\{ \mathrm{j}\left[a\bar{k}_x^2 + a\left(\frac{\Delta k_x}{4} \right)^2 \right] \right\} \\
S_2(\bar{k}_x) = \left\{ \displaystyle\sum_{i=1}^{M} \sigma_i \cdot \exp\left\{ \mathrm{j}\frac{\Delta k_x x_i}{4} \right\} \cdot \exp\{ \mathrm{j}\bar{k}_x x_i \} \right\} \cdot \exp\left\{ \mathrm{j}\left[a\bar{k}_x^2 + a\left(\frac{\Delta k_x}{4} \right)^2 \right] \right\}
\end{cases}
$$

$$(6.16)$$

式(6.16)中,除了每一个点目标有个固定的常数相位项不同外,其他都相同,理论上将其分别变换到空域后,图像略有区别,但如果各散射点是分散的,忽略其点目标响应相互之间的影响,可以认为两者的空域图像的幅度是近似相同的,则有

$$|\mathrm{IFFT}\{S_1(\bar{k}_x)\}| \approx |\mathrm{IFFT}\{S_2(\bar{k}_x)\}| = s(x) \tag{6.17}$$

则对式(6.15)做逆傅里叶变换并取模,得到两个子孔径的幅度图像可以表示为

$$
\begin{cases}
q_1(x) = s\left(x - \dfrac{a\Delta k_x}{2} \right) \\
q_2(x) = s\left(x + \dfrac{a\Delta k_x}{2} \right)
\end{cases}
$$

$$(6.18)$$

因此两图像之间的理论相对偏移量为 $\Delta x = a\Delta k_x$。

通过对两子孔径图像进行相关处理,估计得到两图像中目标的偏移量 $\hat{\Delta x}$,则可以得到二次项系数的一个估计值,即

$$\hat{a} = \frac{\hat{\Delta x}}{\Delta k_x} \tag{6.19}$$

148

3. 算法实现

假设输入为散焦的 SAR 复图像,MD 算法处理流程如图 6.4 所示。首先,将 SAR 复图像通过方位傅里叶变换转换到方位空间频率域,并将方位空间频率域数据均分成不重叠的两部分,称为两个子孔径数据。然后,对两个子孔径数据分别通过方位逆傅里叶变换重新变换回图像域,得到两个子孔径图像,子孔径图像在距离向的分辨率跟原始图像相同,但方位向分辨率降低了一半。而后,对两个子孔径图像进行方位相关处理,由方位相关峰位置估计值计算得到二次项系数的一个估计。最后,由估计的二次项系数构造二次相位误差函数,对原始复图像数据进行补偿得到重聚焦图像。如果二次相位误差比较大,两个子孔径图像将存在比较严重的散焦,此时通过图像相关估计位置偏移时,估计精度会比较低,因此一次估计和校正结果可能还不能满足聚焦精度要求。为此,可以对上述过程迭代多次,随着误差的减小,相关估计结果将越来越精确。另外,为了提高算法的计算效率,也可以只选择少量距离波门数据进行方位相关估计,根据经验,通常选择能量最强的 5% 左右的距离门数据就能得到比较好的估计精度。

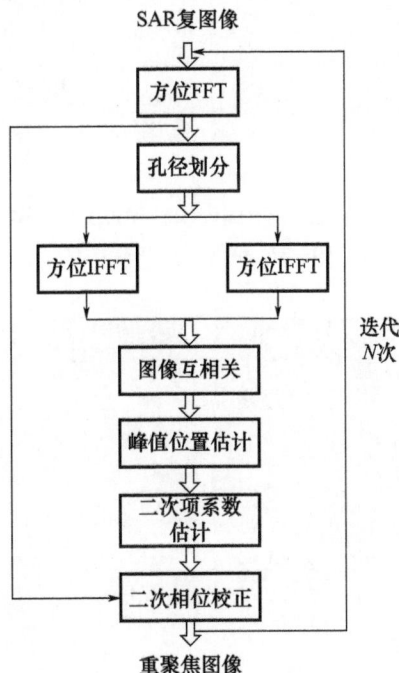

图 6.4　MD 算法处理流程

4. MD 自聚焦处理实例

图 6.5 和图 6.6 给出了 MD 算法对某实际机载 SAR 雷达数据的处理结果。输入图像为原始 SAR 数据经过 PFA 处理得到的复图像,给出了两组处理结果,两组结果来自同一数据源,不同的是处理时选取的合成孔径长度不同。图 6.5(a) 是合成孔径长度相对较短时的 PFA 图像,图像存在明显的散焦;图 6.5(b)是利用 MD 算法对散焦图像进行重聚焦的结果,图像得到较为理想的重聚焦。图 6.6(a) 是合成孔径长度相对较长时的 PFA 图像,图像散焦更为严重;图 6.6(b)是通过 MD 处理后的重聚焦图像,聚焦效果也得到了很大改善。但从图 6.7 中可以看到,目标仍然存在一定的散焦,主要原因是合成孔径时间长了后,方位相位误差除了二次误差外,还存在更高阶误差,这些更高阶误差在 MD 处理中没有得到校正。

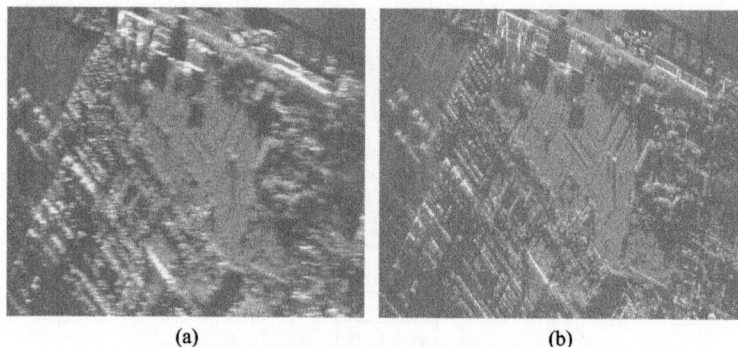

(a) (b)

图 6.5 短合成孔径时间(3.2s)SAR 图像自聚焦结果
(a)MD 自聚焦前;(b)MD 自聚焦后。

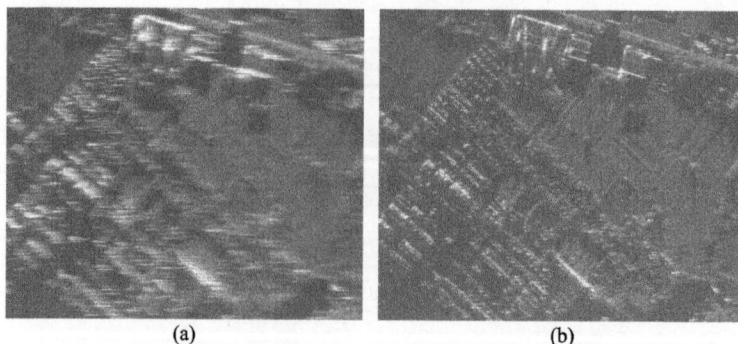

(a) (b)

图 6.6 长合成孔径时间(6.4s)SAR 图像自聚焦结果
(a)MD 自聚焦前;(b)MD 自聚焦后。

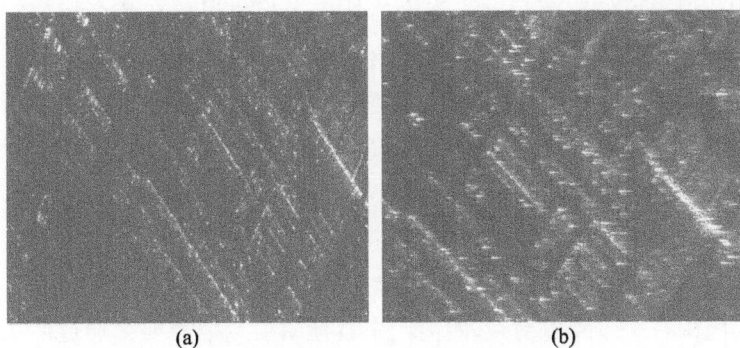

图 6.7　局部放大结果

(a)图 6.5(b)局部放大；(b)图 6.6(b)局部放大。

6.2.2　PGA 算法

PGA 是一种典型的非参数化自聚焦算法,在 20 世纪 80 年代末由 Sandia 国家实验室的 Eichel 等人提出。该算法对误差模型没有要求,理论上可以估计任意类型方位相位误差,而且具有鲁棒性的相位误差估计性能,因此在大量实际系统中,特别是高分辨率 SAR 系统中得到了广泛应用。

1. 算法思想

PGA 算法借鉴了逆滤波方法思想,都是通过抽取粗聚焦图像中的强散射点数据,并变换到空间频率域提取强点相位误差作为方位相位误差的一个估计。但逆滤波方法只提取了图像中单个强点,当提取的强点质量不高时(例如受临近杂波或者噪声干扰),估计的相位误差精度会比较差。考虑到大多数情况下,不同散射点的相位误差是近似相同的,因此一个自然的想法是利用多个强散射点的数据来改善相位误差估计精度。那么,如何联合利用多个强点数据来改善相位误差估计精度呢? 最直接的方法是先利用每一个孤立强点数据分别进行相位误差估计,再对由不同强散射点估计得到的相位误差进行平均,来减小噪声对相位误差估计的影响。但这种估计策略在实际数据处理中往往效果并不理想,特别是在图像中强散射点不突出时。PGA 算法则采用了一种不同的平均策略,这种平均策略基于最大似然统计准则,通过先对数据融合平均,提高数据信噪比,最后再进行相位误差的估计。这种估计方法可以极大地降低高精度相位误差估计对原始复图像数据强点目标信噪比的要求。

可以举一个极端的例子来说明上述改进的优越性。例如有 L 个强点数据,并且每一个数据的信噪比(或者信杂比)都很差,那么利用每一个强点数据估计得到的相位误差可信度就很差。假设估计出来相位误差在整个相位空间随机分布,那么即使有 L 个这样的估计结果,平均后的估计值也没有价值。但如果在相位估计前,先将这 L 个数据进行相参积累,只要点数足够多,积累后的信噪比(或者信杂比)就可以极大改善。在高信噪比条件下,虽然只有一个数据,但此时估计出的相位误差本身就已经具有极高的精度了。

2. 算法实现

PGA 算法选择粗聚焦图像中能量最强的 L 个距离门数据作为输入,并假设每个距离门中有一个强散射点,距离门中其他散射点信号要么通过后续加窗剔除要么作为噪声看待。因此,输入数据在方位频率域的表示可以建模为

$$Q(k_x,i) = \sigma_i \cdot \exp\{jk_x x_i\} \cdot \exp\{j\phi_e(k_x)\} + \eta(k_x,i), \ i=1,2,\cdots,L$$

$$(6.20)$$

式中:i 为距离门序号;x_i 为第 i 个距离门中强点所在的方位位置;σ_i 为第 i 个距离门的散射强度;$\phi_e(k_x)$ 为所有散射点公共的方位相位误差;$\eta(k_x,i)$ 为不希望的杂波和噪声。

PGA 处理流程如图 6.8 所示,它包含四个主要步骤,分别为中心移位、加窗、相位估计、相位迭代校正。下面详细给出这四个过程并分析其必要性。

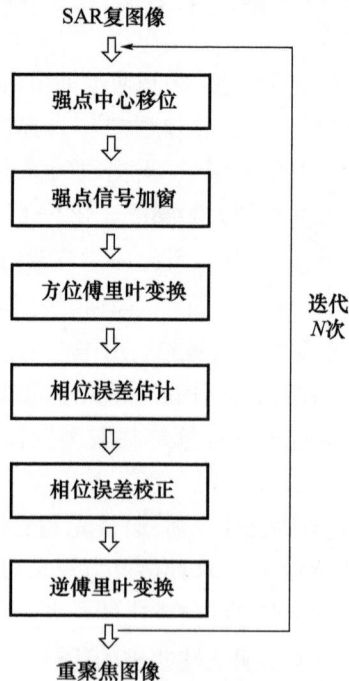

图 6.8　PGA 处理流程

（1）中心移位。

不同距离门数据中，最强散射点的方位位置可能各不相同，这导致不同散射点信号返回方位频域后，除了公共的方位相位误差项，还存在一个跟目标方位位置有关的线性相位项，即式（6.20）中的 $\exp\{jk_x x_i\}$ 项，由于不同散射点的方位位置不同，因此该相位项也各不相同。

中心移位操作是将每一个距离门中的最强点信号在方位图像域统一平移到中心零点位置，如图 6.9 所示，其目的是消除在方位空间频率域中与目标方位位置有关的线性相位，方便后续公共方位相位误差信息的提取。中心移位后，信号变换到方位频域的信号可以简化为

$$Q(k_x, i) = \sigma_i \cdot \exp\{j\phi_e(k_x)\} + \eta(k_x, i), \ i = 1, 2, \cdots, L \qquad (6.21)$$

图 6.9　中心移位示意图

（2）加窗。

图 6.10（a）给出了一个实际散焦复图像在经过每个距离门数据强点中心移位后的结果。可以看到，在每一个距离波门信号中，除了希望的强散射点信号外，往往还包含有其他散射点的回波信号，这些不希望信号的存在会对强散射点相位误差的提取产生干扰。为了尽量剔除这些干扰信号，同时保留中心移位后的强散射点信号，通常采取在方位空域加窗的方式。通过加窗处理，能够完整保留散焦的强散射点信号，而尽量剔除跟强散射点不重叠的杂波干扰。PGA算法采取了一种简单的矩形加窗方式，对于窗函数内部的信号完整保留，而窗函数外部的信号全部抑制，图 6.10（b）是通过简单的矩形加窗处理后的结果。

具体实现时，最关键的是控制窗函数的宽度。如果窗函数选择过宽，虽然能完整保留有用的强散射点信号，但大量的杂波信号也保留了下来；如果窗函数过窄，又可能不能完整保留强散射点信号，从而导致有用信息丢失。因此最好的办法是先估计强散射点的散焦能量分布，然后根据散射能量分布宽度确定窗函数宽度。一种估计散射点能量宽度的方式是对中心移位后的距离门数据

153

进行非相参平均,再通过门限检测的方式确定能量集中区域。

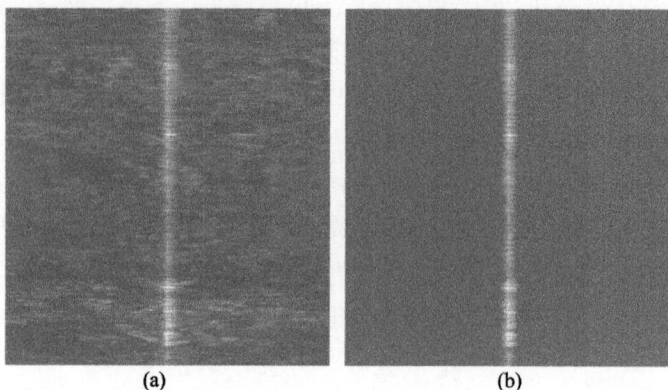

图 6.10 加窗前后数据

(a)加窗前数据;(b)加窗后数据。

(3)相位估计。

通过上述处理后,强散射点信号被孤立提取出来,并通过中心移位去掉了与相位误差无关的线性相位。为了在空间频率域估计方位相位误差,还需要先对每个距离门数据做方位傅里叶变换转换到方位空间频率域(注意 FFT 时默认信号空域零点在第一个采样点,而前面中心移位后数据零点假设在中间,因此 FFT 前需要对数据方位移位半个周期,将零点搬到第一个采样点)。转换到空间频率的信号表示仍如式(6.21)所示,只不过由于加窗处理,干扰项 $\eta(k_x,i)$ 得到极大抑制,提高了目标信号的信杂噪比。为了后续讨论方便,将方位空间频率域信号离散化表示为

$$Q(m,i) = \sigma_i \cdot \exp\{j\phi_e(m)\} + \eta(m,i), \ i = 1,2,\cdots,L \qquad (6.22)$$

前面提到,对多个强散射点公共相位误差的一个最直接估计方法是先对每一个距离门信号分别提取强点相位误差,然后再做一个平均。但 PGA 利用最大似然法先估计相位梯度,有

$$\Delta\hat{\phi}_e(m) = \angle\left\{\sum_{i=1}^{L} Q^*(m-1,i)Q(m,i)\right\} \qquad (6.23)$$

式中: * 表示复共轭操作。然后再由梯度积分得到相位误差估计,有

$$\hat{\phi}_e(m) = \sum_{n=2}^{m} \Delta\hat{\phi}_e(n) \qquad (6.24)$$

相比于先求相位再平均,这种方法采用先对数据平均再求相位的方式,可以极大提高相位误差估计的精度。这种改进的相位估计方法即使在所有波门

数据信杂噪比都低于 0dB 时仍能得到比较精确的相位误差估计结果。其原因在于,虽然每个波门数据信杂噪比较低,但通过多波门数据求和,多个强散射点信号相参积累(同相叠加),信杂噪比得到极大提升。因此此时再估计相位误差,就可以得到比较精确的相位估计值。

(4)相位校正及迭代。

有了相位误差的估计,对原始复图像在方位空间频率域进行补偿后再返回空间图像域,理论上即可得到重聚焦后的图像。但实际上,由于初始图像存在散焦,因此,在中心移位时,由于散射点中心不易确定,因此很难确保所有强散射点都能正确移到中心。另外,当目标存在严重散焦时,为了确保强散射点能量不损失,加窗时窗函数宽度必须比较宽,这样就会导致更多的杂波保留在信号里。由于这些因素的存在,相位估计时精度会受到影响。因此为了得到更高精度的相位误差估计,通常上述过程会迭代多次,随着迭代次数的增加,上述限制因素会减弱,因此图像聚焦效果会越来越好。

3. PGA 自聚焦处理实例

利用 PGA 算法处理了两组数据。第一组数据是图 6.6(a)所示数据,利用 PGA 算法对其进行了重聚焦处理,处理结果如图 6.11 所示,由于场景中存在较多的强散射点,因此算法无需迭代处理就得到了较为理想的结果。对比图 6.7 (b)可以看到,对于 MD 算法不能估计和补偿的高阶误差,PGA 能有效地进行校正,因此 PGA 算法对相位误差形式具有更好的通用性。

第二组数据是强散射点较少的一组数据,PFA 处理图像如图 6.12(a)所示,图像也存在明显的散焦,图 6.12(b)~(d)分别是无迭代、迭代 4 次和迭代 8 次的 PGA 处理结果。可以看到,当强散射点质量不高时,只有迭代多次才能得到较好的聚焦效果,一般迭代 4~6 次就能得到比较理想的重聚焦效果。

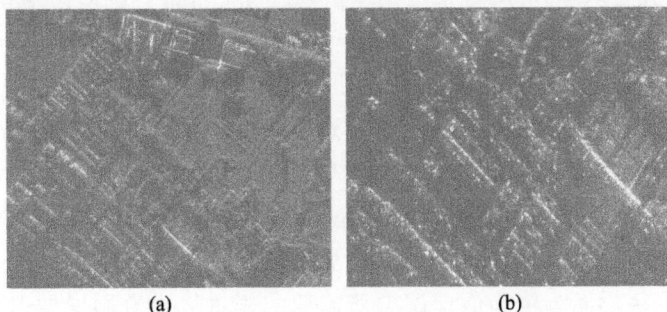

(a)　　　　　　　　　　　　(b)

图 6.11　第一组数据 PGA 自聚焦结果

(a)PGA 重聚焦结果;(b)局部放大结果。

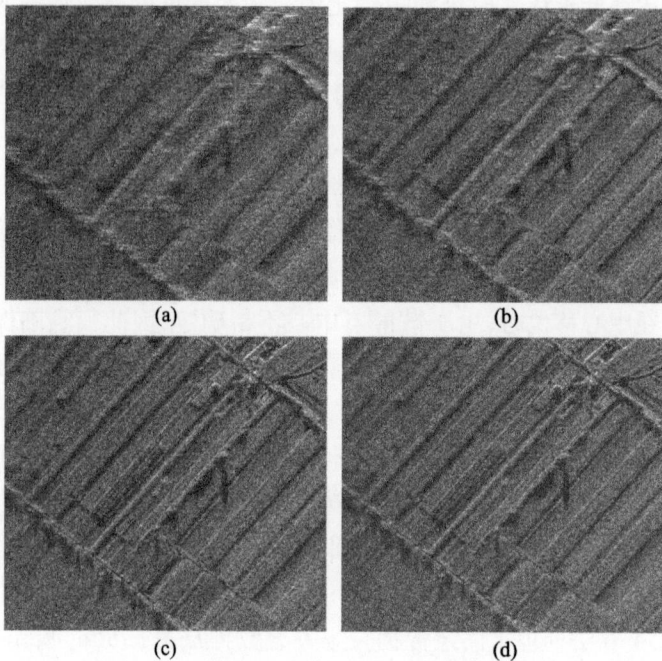

图 6.12　第二组数据 PGA 自聚焦结果

(a)PFA 图像;(b)PGA 重聚焦结果(无迭代);

(c)PGA 重聚焦结果(迭代 4 次);(d)PGA 重聚焦结果(迭代 8 次)。

6.3　二维自聚焦技术

目前,对于两维自聚焦算法的研究,可以分为两大类。第一类算法假设两维相位误差完全未知,对所有相位误差参数进行盲估计。例如美国 Sandia 国家实验室将传统的一维相位梯度自聚焦算法(PGA)扩展到两维而提出的两维相位梯度自聚焦算法(2 - D PGA),由于通常缺少足够的数据冗余度对相位误差进行精确估计,因此要像一维 PGA 一样达到实用还存在比较大的挑战。相比于一维相位误差估计,这类两维自聚焦方法(对整个两维相位误差进行盲估计)需要估计的未知参数增加了 3 ~4 个数量级(原来是方位脉冲个数,现在是方位脉冲个数乘以距离采样波门数)。增加的误差维数一方面使得误差估计的计算量急剧增加,另一方面为精确估计误差所需要的样本数也急剧增加,这势必给相位误差估计的精度和效率带来极大挑战。因此,这类两维自聚焦算法目前还很少在实际 SAR 系统中得到应用。

第二类两维自聚焦算法是通过引入对两维相位误差解析结构的先验知识，降低需要直接估计的未知参数的维数，从而极大地减小算法运算量，并大幅提高相位误差估计精度。在 SAR 回波相位历史域，两维相位误差本质上是一维未知的，因为两维相位误差可以由雷达到目标的斜距一维误差完全确定，这为利用先验知识对两维自聚焦进行降维处理提供了理论依据。然而，通过 SAR 成像算法处理后，虽然可以确定残留两维相位误差仍然可以由一维误差确定，但其关系变得十分复杂。因为误差是未知的，没有解析表示，因此要推导成像算法对误差的作用机理，揭示成像处理后残留两维相位误差的解析结构变得非常困难。尽管如此，近年来这方面已取得重要进展，例如针对典型时域、频域和时频域的成像处理算法，已分析得到成像算法处理后残留两维相位误差解析结构，基于这些先验结构信息，提出了具备很好工程应用价值的两维自聚焦算法[43-45]。

接下来，首先分析典型时域算法（FBP）、频域算法（RMA）和时频域算法（PFA）对相位误差的作用机理，揭示 SAR 残留两维相位误差内部固有的解析结构，然后分析不同算法处理后得到的图像谱的支撑区特点，最后给出基于这些先验的相位结构信息的两维自聚焦算法。

6.3.1　两维相位误差结构

在相位历史域，由于距离历程的不确定导致的两维相位误差可以表示为

$$\Phi_e(t,f_\tau) = \frac{4\pi}{c}(f_0+f_\tau)R_e(t) = \frac{4\pi}{\lambda}R_e(t) + \frac{4\pi}{c}f_\tau R_e(t) \tag{6.25}$$

该两维相位误差包含两个部分，其中：第一部分跟距离频率无关，是方位时间的函数，称为方位相位误差项；另一部分是距离频率和方位时间的耦合项，由于是距离频率的线性函数，因此该项反映残留的距离徙动，徙动量为 $R_e(t)$。残留徙动量和方位相位误差之间存在简单的线性关系，即残留距离徙动乘以常数 $4\pi/\lambda$ 即可得到方位相位误差。

通过 SAR 成像算法处理后，残留两维相位误差将变得非常复杂，后面将会看到，残留两维相位误差将不仅包含方位相位误差项和残留距离徙动，还存在高阶距离项，导致目标距离向重新散焦。另外，成像处理后，方位相位误差和残留距离徙动之间的线性关系也不再成立。由于不同成像处理算法对两维相位误差作用机理不同，因此通过不同成像算法处理后残留两维相位误差会有不同的表现形式，但通过分析发现，虽然误差形式不同，但它们具有相同的内部解析结构。下面以三种典型算法为例，分析 SAR 成像处理对两维相位误差的影响。

1. 滤波反投影算法

在第 5 章,给出了 FBP 的一种新的理论解释,下面将利用这种新解释分析经过 FBP 处理后,残留误差在空间频率域的表示形式。在无误差条件下,对于场景中一个理想的点目标,FBP 的重构过程可以表示为

$$\hat{g}(x,y) = \iint \exp\{jk_r[R_{x,y}(t) - R_p(t)]\}k_r dk_r dt \qquad (6.26)$$

$$k_r = 4\pi(f_0 + f_\tau)/c$$

式中:$R_p(t)$ 和 $R_{x,y}(t)$ 分别为雷达到目标和到地面像素网格点 (x,y) 的瞬时距离。

当存在距离测量误差时,重构过程可以表示为

$$\hat{g}(x,y) = \iint \exp\{jk_r[R_{x,y}(t) + R_e(t) - R_p(t)]\}k_r dk_r dt \qquad (6.27)$$

式中:$R_e(t)$ 为距离测量误差。

在式(6.27)中,对差分距离做泰勒展开近似,有

$$\hat{g}(x,y) = \iint \exp\{jk_r[(x - x_p)\sin\theta + (y - y_p)\cos\theta + R_e(t)]\}k_r dk_r dt$$

$$(6.28)$$

考虑到方位角度与方位时间的一一对应关系 $t = g(\theta)$,并忽略慢变的幅度因子,式(6.28)可以重写为

$$\hat{g}(x,y) = \iint \exp\{jk_r[(x - x_p)\sin\theta + (y - y_p)\cos\theta + \xi(\theta)]\}k_r dk_r d\theta$$

$$(6.29)$$

式中:$\xi(\theta) = R_e(g(\theta))$。

利用关系式 $k_r = \sqrt{k_x^2 + k_y^2}$ 和 $\theta = \arctan(k_x/k_y)$,将式(6.29)所示极坐标系下积分转换为直角坐标系下积分,可得

$$\hat{g}(x,y) = \iint \exp\left\{j\left[(x - x_p)k_x + (y - y_p)k_y + \sqrt{k_x^2 + k_y^2}\zeta\left(\frac{k_x}{k_y}\right)\right]\right\}dk_x dk_y$$

$$(6.30)$$

式中:$\zeta\left(\dfrac{k_x}{k_y}\right) = \xi\left[\arctan\left(\dfrac{k_x}{k_y}\right)\right]$。

从式(6.30)可知,FBP 图像谱域的相位误差可以表示为

$$\Phi_e(k_x, k_y) = \sqrt{k_x^2 + k_y^2}\zeta\left(\frac{k_x}{k_y}\right) = k_y \cdot \eta\left(\frac{k_x}{k_y}\right) \qquad (6.31)$$

式中:$\eta\left(\dfrac{k_x}{k_y}\right) = \sqrt{1 + \left(\dfrac{k_x}{k_y}\right)^2}\zeta\left(\dfrac{k_x}{k_y}\right)$。

2. 距离徙动算法

无误差时,两维回波信号相位历史域数据可以表示为

$$Q(t, f_\tau) = \exp\left\{ -j\frac{4\pi}{c}(f_0 + f_\tau)\sqrt{(vt - x_p)^2 + (Y_0 - y_p)^2} \right\} \quad (6.32)$$

定义 $k_r = 4\pi(f_0 + f_\tau)/c$,并利用关系式 $x = vt$,式(6.32)也可以表示为

$$Q(x, k_r) = \exp\left\{ -jk_r\sqrt{(x - x_p)^2 + (Y_0 - y_p)^2} \right\} \quad (6.33)$$

当存在距离测量误差时,信号模型变为

$$Q(t, k_r) = \exp\left\{ -jk_r\left[\sqrt{(vt - x_p)^2 + (Y_0 - y_p)^2} + R_e(x) \right] \right\} \quad (6.34)$$

式中:$R_e(x)$ 为距离误差。将距离历程合并表示为 $R(x)$,则式(6.34)也可表示为

$$Q(x, k_r) = \exp\left\{ -jk_r R(x) \right\} \quad (6.35)$$

(1)将方位信号变换到频域,可得

$$Q(k_x, k_r) = \int \exp\left\{ -jk_r R(x) \right\} \cdot \exp(-jk_x x)\,\mathrm{d}x \quad (6.36)$$

为了得到两维谱的解析表示,需要用到驻留相位原理,其中驻留相位点通过解下面方程得到,即

$$\frac{\mathrm{d}}{\mathrm{d}x}\{ k_r R(x) + k_x x \} = k_r\frac{\mathrm{d}R(x)}{\mathrm{d}x} + k_x = 0 \quad (6.37)$$

不同于无误差时的距离历程,现在由于距离历程存在未知测量误差,无法得到驻留相位点的解析表示。因此到这里似乎无法进一步得到两维频谱的精确表示。但幸运的是,实际的目标并不是要得到频谱的精确表示,而只是为了得到相位误差的解析结构。实际上,根本不需要求出式(6.37)的解析解,而只需要根据式(6.37),在 $R(x)$ 的导数是单调函数的假设下,可以得到驻留相位点的形式,即

$$x_s = \vartheta\left(\frac{k_x}{k_r}\right) \quad (6.38)$$

利用该驻留相位点,式(6.36)所示积分可以近似为

$$Q(k_x, k_r) = \exp\left\{ -j\left[k_r R\left(\vartheta\left(\frac{k_x}{k_r}\right)\right) + k_x\vartheta\left(\frac{k_x}{k_r}\right) \right] \right\} \quad (6.39)$$

为了简化符号表示,定义 $\xi(x) = R(\vartheta(x))$,因此式(6.39)可以简化为

$$Q(k_x, k_r) = \exp\left\{ -j\left[k_r\xi\left(\frac{k_x}{k_r}\right) + k_x\vartheta\left(\frac{k_x}{k_r}\right) \right] \right\} \quad (6.40)$$

(2)参考函数相乘,即对式(6.40)乘以参考函数,即

$$\Phi_{mf}(k_x, k_r) = Y_0 \sqrt{k_r^2 - k_x^2} \tag{6.41}$$

此时信号变为

$$Q(k_x, k_r) = \exp\left\{ -j\left[k_r \xi\left(\frac{k_x}{k_r}\right) + k_x \vartheta\left(\frac{k_x}{k_r}\right) - Y_0\sqrt{k_r^2 - k_x^2} \right] \right\} \tag{6.42}$$

（3）Stolt 插值，在数学表示等效于对式（6.42）做变量替换，有

$$k_y = \sqrt{k_r^2 - k_x^2} \text{ 或者 } k_r = \sqrt{k_x^2 + k_y^2} \tag{6.43}$$

通过 Stolt 变换后，信号变为

$$Q(k_x, k_r) = \exp\left\{ -j\left[\sqrt{k_x^2 + k_y^2}\, \xi\left(\frac{k_x}{\sqrt{k_x^2 + k_y^2}}\right) + k_x \vartheta\left(\frac{k_x}{\sqrt{k_x^2 + k_y^2}}\right) - Y_0 k_y \right] \right\} \tag{6.44}$$

对于距离徙动算法，无误差情况下，通过 Stolt 变换后希望输出的相位信号为

$$\Phi_b(k_x, k_y) = -(x_p k_x + y_p k_y) \tag{6.45}$$

对比式（6.44），可以得到在有误差情况下的两维相位误差为

$$\Phi_e(k_x, k_y) = -\sqrt{k_x^2 + k_y^2}\, \xi\left(\frac{k_x}{\sqrt{k_x^2 + k_y^2}}\right) - k_x \vartheta\left(\frac{k_x}{\sqrt{k_x^2 + k_y^2}}\right) + Y_0 k_y + (x_p k_x + y_p k_y) \tag{6.46}$$

或者写为

$$\Phi_e(k_x, k_y) = k_y \left[-\sqrt{1 + \left(\frac{k_x}{k_y}\right)^2}\, \xi\left(\frac{\frac{k_x}{k_y}}{\sqrt{1 + \left(\frac{k_x}{k_y}\right)^2}}\right) - \frac{k_x}{k_y} \vartheta\left(\frac{\frac{k_x}{k_y}}{\sqrt{1 + \left(\frac{k_x}{k_y}\right)^2}}\right) + x_p \frac{k_x}{k_y} + Y_0 + y_p \right] \tag{6.47}$$

定义函数

$$\eta(u) = y_p + Y_0 + x_p u - \sqrt{1 + u^2}\, \xi\left(\frac{u}{\sqrt{1 + u^2}}\right) - u\vartheta\left(\frac{u}{\sqrt{1 + u^2}}\right) \tag{6.48}$$

则两维相位误差可以简化表示为

$$\Phi_e(k_x, k_y) = k_y \cdot \eta\left(\frac{k_x}{k_y}\right) \tag{6.49}$$

3. 极坐标格式算法

假设无误差条件下回波相位历史域信号表示为

$$Q(t, f_\tau) = \exp\left\{ -j\frac{4\pi}{c}(f_0 + f_\tau)\sqrt{(vt - x_p)^2 + (Y_0 - y_p)^2} \right\} \tag{6.50}$$

在有距离测量误差下,有

$$Q(t,f_\tau) = \exp\left\{ -\mathrm{j}\frac{4\pi}{c}(f_0 + f_\tau)\left[\sqrt{(vt - x_p)^2 + (Y_0 - y_p)^2} + R_e(t) \right] \right\}$$

(6.51)

式中:$R_e(t)$ 为距离测量误差。

(1)运动补偿。运动补偿时仍然按无误差时的相位历程补偿,因此补偿后的信号为

$$Q(t,f_\tau) = \exp\left\{ -\mathrm{j}\frac{4\pi}{c}(f_0 + f_\tau)\left[\sqrt{(vt - x_p)^2 + (Y_0 - y_p)^2} - \sqrt{(vt)^2 + (Y_0)^2} + R_e(t) \right] \right\}$$

(6.52)

对式(6.52)中差分距离取平面波前近似可得

$$Q(t,f_\tau) = \exp\left\{ -\mathrm{j}\frac{4\pi}{c}(f_0 + f_\tau)\left[x_p\sin\theta + y_p\cos\theta + R_e(t) \right] \right\} \quad (6.53)$$

定义自变量 $k_r = \dfrac{4\pi}{c}(f_0 + f_\tau)$ 并利用方位角度与方位时间的函数关系 $t = g(\theta)$,式(6.53)重写为

$$Q(\theta,k_r) = \exp\left\{ -\mathrm{j}k_r\left[x_p\sin\theta + y_p\cos\theta + \xi(\theta) \right] \right\} \quad (6.54)$$

$$\xi(\theta) = R_e(g(\theta))$$

(2)极坐标格式转换。做两维变量替换,有

$$\begin{cases} k_r = \sqrt{k_x^2 + k_y^2} \\ \theta = \arctan\left(\dfrac{k_x}{k_y}\right) \end{cases} \text{或者} \begin{cases} k_x = k_r\sin\theta \\ k_y = k_r\cos\theta \end{cases} \quad (6.55)$$

进而得到空间频率域信号表示为

$$Q(k_x,k_y) = \exp\left\{ -\mathrm{j}\left[x_pk_x + y_pk_y + \sqrt{k_x^2 + k_y^2}\,\xi\left(\arctan\left(\frac{k_x}{k_y}\right)\right) \right] \right\} \quad (6.56)$$

因此,在空间频率域的两维相位误差可以表示为

$$\Phi_e(k_x,k_y) = \sqrt{k_x^2 + k_y^2}\,\xi\left(\arctan\left(\frac{k_x}{k_y}\right)\right) = k_y \cdot \eta\left(\frac{k_x}{k_y}\right) \quad (6.57)$$

$$\eta(u) = \sqrt{1 + u^2}\,\xi(\arctan(u))$$

4. 小结

上面分析了不同成像算法处理后,在空间频率域的两维相位误差形式。从分析结果来看,经过不同 SAR 成像算法处理后,残留相位误差会有不同的表现形式,但这三种典型算法处理得到的两维相位误差却具有相同的结构,都可以

表示为

$$\Phi_e(k_x, k_y) = k_y \cdot \eta\left(\frac{k_x}{k_y}\right) \qquad (6.58)$$

不同在于 $\eta(\cdot)$ 函数在不同成像算法中具有不同的表达式。

从式(6.58)可以看出,残留相位误差仍然是二维的误差,即相位误差既跟 k_x 有关也跟 k_y 有关,但唯一未知的是 $\eta(\cdot)$ 函数,因此通过 SAR 成像处理,虽然相位误差结构发生了变化,但本质上仍然只有一维是未知的。为了分析相位误差的构成,将式(6.58)按距离空间频率做泰勒展开,有

$$\Phi_e(k_x, k_y) = \phi_0(k_x) + \phi_1(k_x)(k_y - k_{yc}) + \phi_2(k_x)(k_y - k_{yc})^2 + \cdots \qquad (6.59)$$

式中:k_{yc} 为距离频率的中心点;$\phi_0(k_x)$ 为方位相位误差;$\phi_1(k_x)$ 为距离徙动项。后面距离频率高阶项如果不能忽略,将导致距离向二次散焦。

根据式(6.58),不难得到泰勒展开项系数为

$$\begin{cases} \phi_0(k_x) = k_{yc} \cdot \eta\left(\dfrac{k_x}{k_{yc}}\right) \\[3mm] \phi_1(k_x) = \eta\left(\dfrac{k_x}{k_{yc}}\right) - \dfrac{k_x}{k_{yc}}\eta'\left(\dfrac{k_x}{k_{yc}}\right) \\[3mm] \phi_2(k_x) = \dfrac{k_x^2}{2k_{yc}^3}\eta''\left(\dfrac{k_x}{k_{yc}}\right) \end{cases} \qquad (6.60)$$

根据式(6.60),可以得到方位相位误差和距离徙动项之间的解析关系为

$$\phi_1(k_x) = \frac{1}{k_{yc}}\left[\phi_0(k_x) - k_x\phi'_0(k_x)\right] \qquad (6.61)$$

式(6.61)表明,通过 SAR 成像算法处理后,残留距离徙动和方位相位误差不再存在简单的线性关系,而是式(6.61)所示的非线性关系。尽管如此,两者之间还是存在一一对应关系,因此如果知道了方位相位误差,根据式(6.61)仍然可以直接计算得到残留距离徙动量。

根据式(6.58)和式(6.60),还可以得到两维相位误差和方位相位误差之间的解析关系,即

$$\Phi_e(k_x, k_y) = \frac{k_y}{k_{yc}}\phi_0\left(\frac{k_{yc}}{k_y}k_x\right) \qquad (6.62)$$

式(6.62)表明,残留两维相位误差可完全由方位一维相位误差确定,因此如果能够估计得到方位一维相位误差,那么通过该式就可以映射得到完整的残留两维相位误差。下面的两维自聚焦算法正是利用了这一先验解析结构关系,对未知待估参数进行降维,从而极大地提高了算法的参数估计精度和计算效率。

6.3.2　SAR 图像谱支撑区

由于两维自聚焦算法的相位误差估计和校正都在图像谱域进行,因此 SAR 图像两维谱域的支撑区特性也是两维自聚焦算法可以利用的先验信息。下面将分别讨论三种典型成像算法的图像谱特性。

1. 极坐标格式算法

对于聚束模式 SAR,不同位置目标的回波数据在相位历史域(距离频域和方位时间域)是完全重叠的。在距离频率域,所有信号具有相同的谱范围;在方位时间域,对于聚束模式而言所有目标的信号都是占满整个范围的。在极坐标格式算法中,数据从相位历史域(t, f_τ)到空间频率域(k_x, k_y)的转换是通过变量替换完成的,即

$$\begin{cases} k_x = \dfrac{4\pi}{c}(f_0 + f_\tau)\sin\theta(t) \\ k_y = \dfrac{4\pi}{c}(f_0 + f_\tau)\cos\theta(t) \end{cases} \tag{6.63}$$

这一映射过程是空不变的,也就是说不同位置目标的信号都是经过统一的映射从相位历史域变换到空间频率域的。既然在相位历史域不同目标信号支撑区是完全重叠的,那么经过映射后也仍然是完全重叠的,如图 6.13 所示。

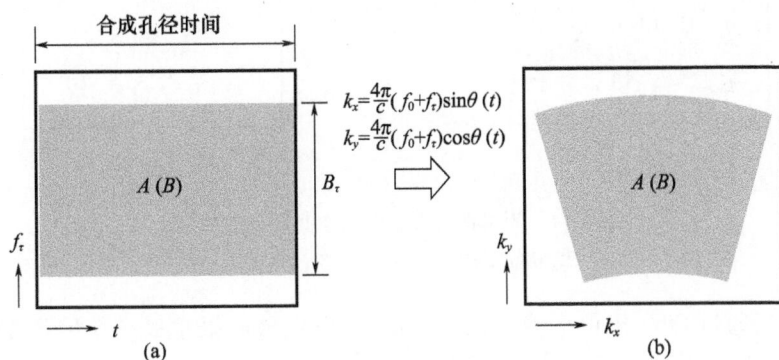

图 6.13　PFA 图像空间频谱支撑区

(a)相位历史域;(b)空间频率域。

2. 距离徙动算法

距离徙动算法将信号从相位历史域变换到空间频率域是通过两步实现的,

第一步是方位傅里叶变换,将信号从相位历史域(t,f_τ)变换到两维频率域(f_t,f_τ),也对应方位空间频率 – 径向空间频率域(k_x,k_r)。为了揭示信号支撑区变化,可以利用驻留相位原理来分析傅里叶变换过程。驻留相位原理利用驻留相位点建立了傅里叶变换前后的信号之间的映射关系,这一映射关系可以表示为

$$t = -\frac{Y_0}{vk_r}k_x - \frac{x_p}{v} \qquad (6.64)$$

或者反过来表示为

$$k_x = -\frac{k_r}{Y_0}vt - k_r\frac{x_p}{Y_0} \qquad (6.65)$$

可以看到,从方位时域到方位空间频率域的映射是方位空变的,即对于方位位置不同的目标,从时域映射到空间频率域时有一个额外的偏置,偏置量为$k_r x_p/Y_0$,与目标方位位置线性相关。因此,方位位置不同的目标,虽然信号在相位历史域是完全重叠的,但变换到两维频域后,频谱在方位空间频率方向发生了错位,如图6.14所示。

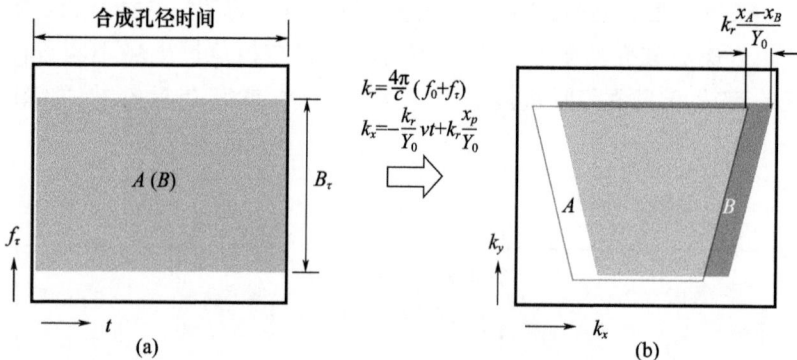

图6.14 距离徙动算法图像空间频谱支撑区
(a)相位历史域;(b)$k_x - k_r$空间频率域。

最后通过 Stolt 插值变换到两维空间频率域,Stolt 插值是一个空不变的映射,因此频谱支撑区不会发生额外的错位,变换到两维空间频率域的频谱支撑区变化如图6.15所示。

3. 滤波反投影算法

从第5章对 FBP 给出的新解释中,揭示了滤波反投影算法的傅里叶重构本质。它的重构过程同极坐标格式算法很类似,本质上也包括极坐标格式转换过程和两维傅里叶变换过程。但它和极坐标格式算法存在两个主要区别。

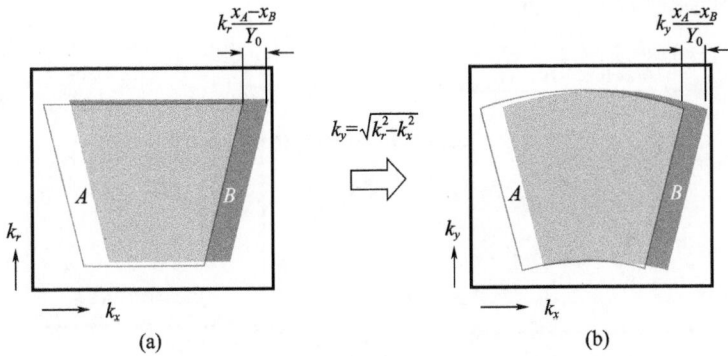

图 6.15　距离徙动算法图像空间频谱支撑区

$(a)k_x - k_r$ 空间频率域$;(b)k_x - k_y$ 空间频率域。

（1）对于极坐标格式转换，滤波反投影算法的极坐标格式转换映射为

$$\begin{cases} k_x = \dfrac{4\pi}{c}(f_0 + f_\tau)\sin\theta_p(t) \\[3mm] k_y = \dfrac{4\pi}{c}(f_0 + f_\tau)\cos\theta_p(t) \end{cases} \tag{6.66}$$

它和 PFA 算法中极坐标格式转换的区别是角度的定义不同。在 PFA 算法中，角度是空不变的，角度定义为雷达相对于场景中心的方位角。而在滤波反投影算法中，角度 $\theta_p(t)$ 是跟目标点本身相关的，定义为雷达相对于目标点的方位角，如图 6.16 所示，因此对于空间位置不同的点，角度也各不一样。

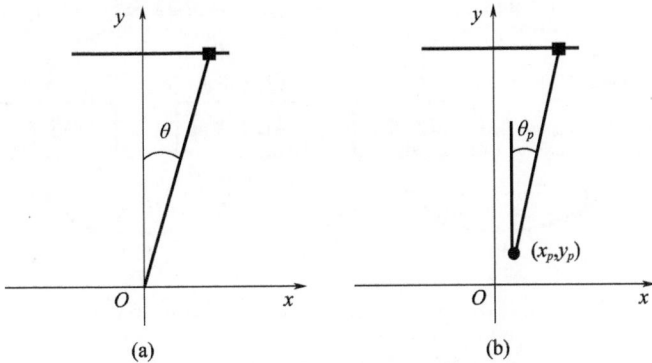

图 6.16　极坐标格式转换中的极角定义

（a）极坐标格式算法；（b）滤波反投影算法。

因此，虽然不同位置目标信号在相位历史域的支撑区是完全重叠的，但映射到空间频率域后频谱支撑区会发生错位，如图 6.17 所示，而且经过推导其错

位方式跟距离徙动算法相同。

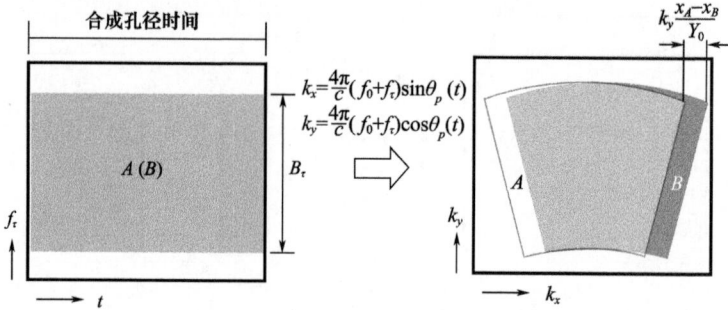

图 6.17　滤波反投影算法中极坐标格式转换

（2）成像过程中从空间频域转换到图像域的实现方式不同。从空间频率域到图像的转换，本质上是一个逆傅里叶变换过程。在极坐标格式算法以及距离徙动算法处理中，这一过程是通过快速逆傅里叶变换（IFFT）来实现的。而在滤波反投影算法中，是通过逆傅里叶变换定义直接积分实现的。当信号频谱不存在偏置时，两种实现方式是完全等效的。但实际雷达数据在距离频率域上是存在偏置的，在滤波反投影算法中，逆傅里叶变换的实现考虑了这种偏置，但在 IF-FT 的实现中，没有考虑这种偏置（但不影响输出图像的幅度）。因此当将图像通过 FFT 变换到空间频率域时，对于距离徙动算法或者极坐标格式算法图像，因为 FFT 和 IFFT 是互逆过程，因此能够正确重现两维空间频谱，如图 6.18（a）所示。

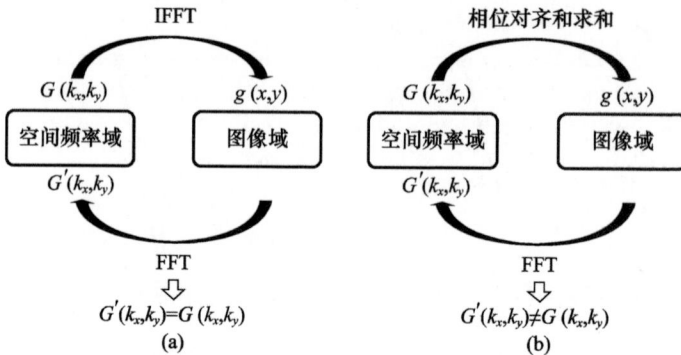

图 6.18　空间频率域与空间域的转换

（a）极坐标格式算法/距离徙动算法；（b）滤波反投影算法。

对于滤波反投影算法，因为从空间频域到图像（考虑了距离频率偏置）和从图像域通过 FFT 变换（没有考虑距离频谱偏置）到空间频率域不是完全可逆的，如图 6. 18(b)所示,因此重构的频谱将不再是原来的空间频谱,而是有一个由于距离频率偏置导致的频谱混叠,因此最终得到的两维频谱如图 6. 19(c)所示。

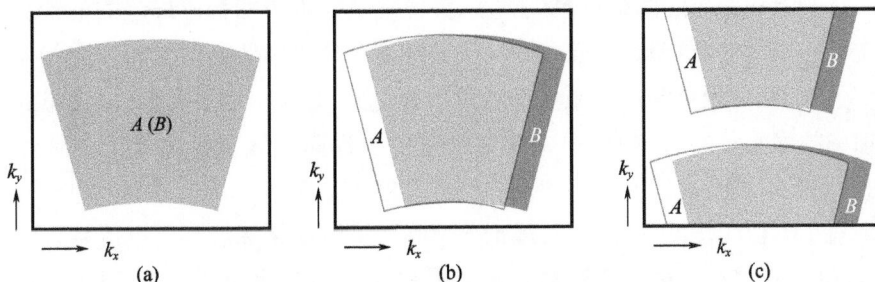

图 6. 19　不同算法频谱支撑区对比

(a)极坐标格式算法;(b)距离徙动算法;(c)滤波反投影算法。

6. 3. 3　先验相位结构信息辅助的两维自聚焦

1. 算法思想

在基于先验相位结构信息的两维自聚焦算法提出之前,由于不知道经过 SAR 成像算法处理后残留相位误差的解析结构,因此只能将所有两维相位误差都当作未知量来估计。由于待估参数相比一维自聚焦算法有了数量级的增加,因此无论是在相位误差估计精度方面还是在算法的计算效率方面,这种对两维相位误差的盲估计方法都很难满足实际工程应用需求。即使对于 1024×1024 这样规模的小图像数据,一维自聚焦算法只需要估计方位 1024 个未知相位值,而两维自聚焦算法需要估计所有 1024×1024 个未知相位误差值,待估参数量提高了 3 个数量级。待估参数数量的极大增加,一方面使得参数估计算法的计算量极大增加,另一方面用来估计参数的数据样本并没有增加,因此这类方法往往很难达到有效的参数估计精度。

幸运的是,通过前面的分析已经知道,通过 SAR 成像算法处理后,残留两维相位误差虽然相比在相位历史域的残留两维相位误差有了复杂的变化,但仍然存在很好的内部结构,其本质上仍然是只有一维是未知的。因此,在相位误差参数估计时,如果能够引入这一先验信息,就可以将两维参数估计问题转换为一维参数估计问题,从而极大地提高算法的计算效率和参数估计精度。典型地,根据式(6. 62),残留两维相位误差可完全由方位一维相位误差确定,因此,实质上仍然只需要直接估计方位一维相位误差。有了一维相位误差(可以是方位相位误差,也可以是残留距离徙动)的估计,利用式(6. 62)所示先验解析关系,可以直接计算得到完整残留两维相位误差,进而对两维相位误差进行校正得到重聚焦图像。

　　基于上述思想的两维自聚焦算法,关键在于一维未知相位误差的估计。理论上,该一维相位误差可以通过估计残留距离徙动或者估计方位相位误差得到(因为方位相位误差和残留距离徙动可以通过式(6.61)互相确定)。考虑到以当前的技术水平,方位相位误差的估计精度要远高于残留距离徙动的估计精度,因此采取直接估计方位相位误差的方式更为合适。

　　对于方位相位误差的估计,理论上现有一维自聚焦算法都可以应用。但实际应用时,还需要考虑残留距离徙动对方位相位误差估计的影响,因为传统一维自聚焦都是在假设不存在残留距离徙动的情况下提出的。在存在两维散焦的情况下,同一散射点的目标能量不在同一距离单元,这会导致基于强点的一维自聚焦算法(如PGA)很难精确估计出方位相位误差。为了克服残留距离徙动对方位相位误差估计的影响,至少可以采取如下几种方法。一种方法是一维自聚焦估计方位相位误差前,先对数据进行一个预处理,降低数据距离向分辨率,使得降分辨率后残留距离徙动不超出一个粗分辨距离单元,这样传统一维自聚焦算法可以直接应用于预处理后数据进行方位相位误差的估计。另一种方法是方位分子孔径估计,虽然在整个方位孔径内存在残留距离徙动,但如果将整个方位孔径分成若干小的子孔径,只要子孔径分得足够小,在子孔径内残留距离徙动完全可以忽略不计,因此在子孔径内可以先通过传统一维自聚焦算法估计方位相位误差,再对各子孔径内估计的相位误差进行拼接得到整个孔径相位误差,典型方法如PCA。

　　有了方位相位误差的估计,第二个关键步骤是利用式(6.62)将方位一维相位误差估计映射得到两维相位误差的一个估计。映射过程中,有两个问题需要特别注意:一个是不同位置散射点的频谱错位问题;另一个是距离频谱的模糊问题。对于极坐标格式算法而言,在两维空间频率域,空间不同位置的散射点具有完全相同的频谱支撑区位置,图像两维频谱的每一个采样点其距离和空间频率也都是确定的。而对于距离徙动算法而言,通过处理后,空间不同位置的散射点其频谱支撑区是错位的,一方面使得方位相位误差的估计变得困难,另一方面也使后续的两维相位误差补偿无法统一进行。对于滤波反投影算法而言,除了像距离徙动算法一样具有频谱错位问题外,其图像频谱还存在距离维的模糊。原因在于FBP成像处理过程中,从两维空间频率域到图像域的转换过程中,天然地考虑了距离频率存在的偏置,而在两维自聚焦过程中当将FBP图像变换到两维频率域时,往往采用 FFT 将图像数据转换为频率域数据,但 FFT 没有考虑图像在距离频率域存在的偏置,因此得到的距离频谱是模糊的。为此,针对不同成像算法得到的 SAR 图像,在应用基于先验相位结构信息的两维自聚焦算法时,还需要对数据做不同的预处理。其中,极坐标格式算法图像不需要做任何预处理;距离徙动算法图像则需要通过预处理,将不同散射点的频谱对齐;滤波反投影算法图像不仅要对齐不同散射点的频谱,还需要去除距离频谱的混叠。

2. 算法实现

根据上述思想,基于先验知识的两维自聚焦算法包含四个主要步骤:①图像预处理;②方位一维相位误差估计;③估计得到的一维相位误差到两维相位误差的映射;④两维相位误差的校正和迭代。完整处理流程如图 6.20 所示。

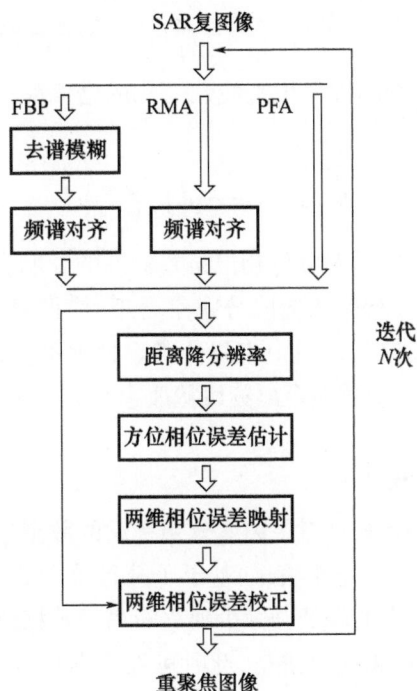

图 6.20　基于先验信息的两维自聚焦算法处理流程

（1）图像预处理。

图像预处理包括图像谱校正和距离向降分辨两个步骤。由于不同的成像算法处理得到图像具有不同的谱特性,因此谱校正过程也因成像处理算法不同而不同。例如对于极坐标格式算法图像,由于既不存在谱模糊也不存在谱错

169

位,因此无需谱校正处理;距离徙动算法图像存在谱错位,因此需要进行谱对齐处理;而滤波反投影算法图像既存在谱错位也存在谱模糊,因此谱校正过程既包括谱对齐处理也包括谱去模糊处理。

消除频谱的距离模糊可以直接在图像域进行,因为频谱的移位对应空域的线性相位,因此频谱的去模糊可以通过在图像域乘以线性相位实现。考虑到正侧视条件下 SAR 图像谱只在距离向有偏置,假设频谱偏置为 k_{yc},则为了消除谱模糊,只需要在图像域乘以校正函数

$$h_1(x,y) = \exp(\mathrm{j}k_{yc}y) \tag{6.67}$$

对于谱错位的校正,也可以直接在图像域乘以校正函数实现。从 6.3.2 节的分析中已经知道,滤波反投影图像和距离徙动算法图像的频谱在方位向存在空变平移,平移量与目标的方位位置线性相关,即频谱在方位频域的平移量为

$$\Delta k_x = \frac{k_{yc}}{Y_0}x \tag{6.68}$$

因此,为了校正这种随方位位置线性变化的谱偏移,可以在图像域乘以二次函数实现,有

$$h_2(x,y) = \exp\left(\mathrm{j}\frac{k_{yc}}{2Y_0}x^2\right) \tag{6.69}$$

为了减小残留距离徙动对方位相位误差估计的影响,通常会选择在估计方位相位误差前,对数据进行距离向降分辨率处理,使得残留距离徙动在分辨率降低后的数据中可以忽略。图像距离降分辨率处理可直接通过在距离空域平滑低通滤波实现,也可以通过在距离频域截取中心频率附近的一小部分频谱再返回图像域来实现。

(2)方位相位误差估计。

方位相位误差的估计是针对距离降分辨率后的数据进行,可以采用传统的 PGA 算法,也可以采用其改进算法,如基于子孔径处理的 MDPGA 或者 PCA 算法。考虑到距离向分辨率的降低会减少独立距离门数据的个数,因此实际实现时,只是适当地降低了距离向分辨率,此时可能还存在少量残留距离徙动。为了进一步降低残留距离徙动影响,在方位相位误差估计时更倾向于选择基于子孔径的算法。子孔径相位误差估计方法首先将方位空间频域数据分成若干小的子孔径,使得在每一个子孔径内,残留距离徙动效应可以忽略不计,因此利用传统一维自聚焦算法就可以估计出子孔径内相位误差。当估计得到了每一个子孔径内的相位误差时,最关键的是将不同子孔径内估计得到的相位误差拼接得到整个孔径内的相位误差。相位拼接的难点在于子孔径内估计误差时通常

只能得到二阶及二阶以上高阶项相位误差,常数项和线性相位项通常无法得到,因此无法将各子孔径估计的相位误差直接拼接。为了得到连续的相位拼接结果,至少有三种方法可供选择,其中:第一种方法是 PCA 算法,PCA 在相位二阶导数域上进行拼接,避免了不同子孔径内相位和相位梯度的不连续;第二种方法是重叠子孔径法,该方法是在相位梯度域进行拼接,为了保证在子孔径拼接处的相位梯度连续,该方法在重叠子孔径处估计出相邻子孔径内的常数梯度差并在拼接时消除该常数梯度差;第三种方法也是在相位梯度域拼接,该方法利用相邻子孔径图像相关估计相邻子孔径的相位梯度差,因为空间频率域的常数相位梯度差对应图像域的位置偏移。

(3)两维相位误差映射。

算法的第三个部分是一维方位相位误差到两维相位误差的映射。假设估计得到一维方位相位误差为 $\hat{\phi}_0(k_x)$,则映射得到的两维相位误差估计为

$$\hat{\Phi}_e(k_x, k_y) = \frac{k_y}{k_{yc}} \hat{\phi}_0 \left(\frac{k_{yc}}{k_y} k_x \right) \tag{6.70}$$

该映射实际上可以通过两个尺度变换实现,首先对方位相位误差自变量 k_x 做一个尺度变换,尺度系数随距离频率反比例变化,然后对相位幅度乘以一个随距离频率线性变化的尺度因子。其中,对自变量的尺度变换可以通过插值实现,也可以通过对信号做一个尺度变换实现(只需要 FFT 和复数乘操作,可以避免插值处理)。

(4)两维相位误差校正和迭代。

算法的最后一步是两维相位误差的校正,将两维相位误差估计应用到经过谱对齐和解模糊后的两维频谱数据(不是距离降分辨后的数据)补偿残留两维相位误差,再返回图像域即可得到重聚焦的图像。

由于需要两维自聚焦处理的图像残留相位误差大,在一维相位误差估计时,虽然采取了一些策略,但仍然有可能估计得不是很精确,即使两维相位误差补偿后可能仍有部分散焦,因此实际实现时可对上述过程进行迭代,随着迭代次数的增加,图像聚焦效果将得到明显改善。

6.3.4　两维自聚焦处理实例

利用两维自聚焦算法处理了两组超高分辨率机载 SAR 数据。两组数据经过 SAR 成像处理后均存在两维散焦,但第一组数据相位误差相对较小,距离向二次散焦不明显,而第二组数据相位误差更大,距离向发生了二次距离散焦。

图 6.21 给出了第一组数据经过 FBP 算法成像处理后的结果,从局部放大结果可以看到图像存在明显的两维散焦。为了说明图 6.20 中谱预处理的必要性,图 6.22(a)给出了 FBP 图像的两维谱图。可以看到,两维频谱一方面在距离向存在模糊,另一方面不同散射点的谱不能完全对齐,存在明显错位。图 6.22(b)是经过谱去模糊后的结果,图 6.22(c)是经过谱对齐后的结果。

图 6.21　FBP 成像结果

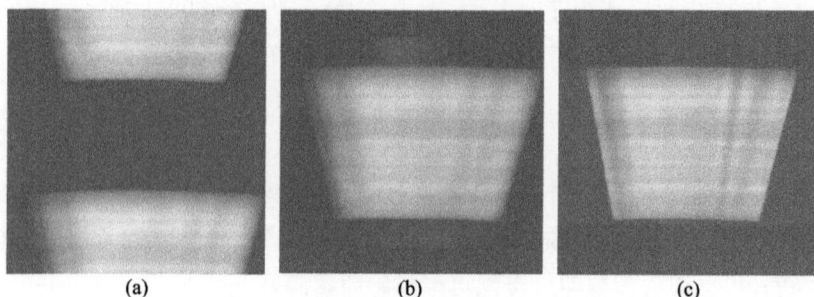

| (a) | (b) | (c) |

图 6.22　FBP 图像谱

(a)FBP 图像谱;(b)去模糊后图像谱;(c)对齐后图像谱。

图 6.23 是经过两维自聚焦处理重新聚焦后的结果,从局部放大结果可以看到目标两维散焦效应得到有效校正,图像聚焦良好。

第二组数据采用了 PFA 算法成像,PFA 成像处理结果如图 6.24(a)所示,图 6.25(a)是 PFA 图像的局部放大,可以看到图像两维散焦非常严重,为了更好地看到残留距离徙动和距离二次散焦效应,将局部图像变换回了方位空间频率域,如图 6.26(a)所示。可以看到,强点目标存在严重的距离徙动,而且距离向还存在二次散焦,特别是方位孔径边缘尤其严重。利用两维自聚焦处理后的图像如图 6.24(b)所示(由于 PFA 成像结果存在几何失真,给出的结果是自聚焦后并经过几何失真校正后的图像)。图 6.25(b)和图 6.26(b)是局部放大结果。对比自聚焦前的结果,可以看到两维散焦效应也得到有效校正。

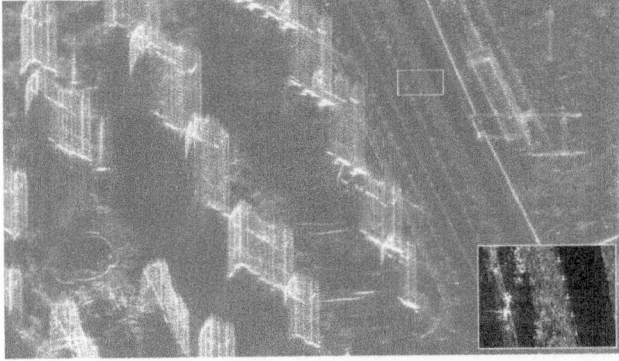

图 6.23　两维自聚焦处理结果

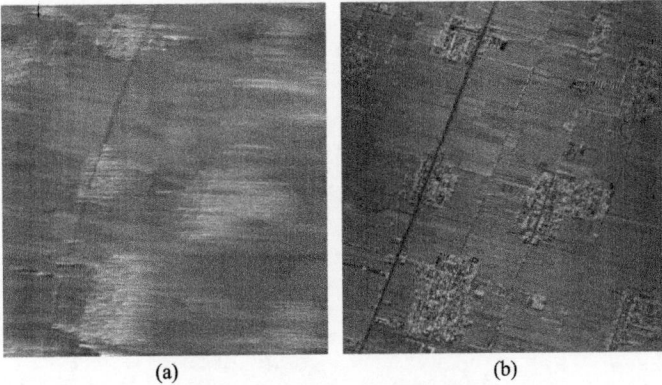

(a)　　　　　　　　　　　　　　　(b)

图 6.24　两维自聚焦前后图像

(a)PFA 图像;(b)两维自聚焦后图像。

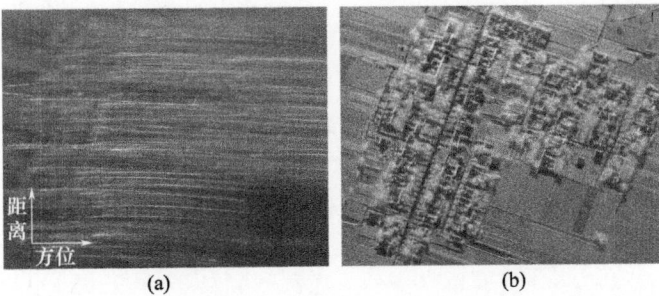

(a)　　　　　　　　　　　　　　　(b)

图 6.25　图 6.24 的局部放大结果

(a)PFA 图像;(b)两维自聚焦后图像。

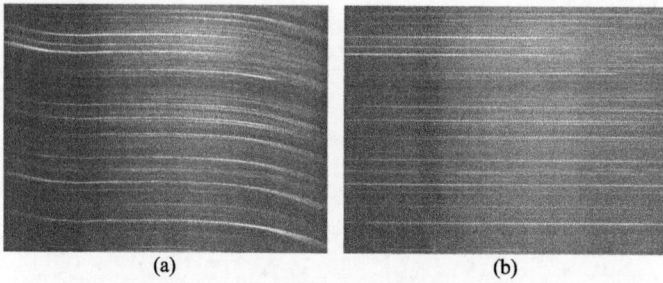

(a)   (b)

图 6.26　距离空域 – 方位频率图像

(a)PFA 图像;(b)两维自聚焦后图像。

附录　SAR常见问题解答

1. 合成孔径雷达成像与传统光学成像的联系和区别分别是什么

两者都是利用电磁波作为媒介的目标远程感知手段,都是通过远程感知目标散射或者反射出来的电磁波信号来重构目标特性的空间分布图像。因此,从成像原理和技术实现手段上两者都存在很多相似之处。例如从成像原理上,两者角分辨的原理是完全相同的,角分辨率的大小都与电磁波波长成正比,与传感器孔径大小成反比;从技术实现角度,光学里的菲涅尔衍射成像、弗朗霍夫衍射成像和惠更斯-菲涅尔衍射成像与合成孔径雷达成像算法中的距离多普勒算法、极坐标格式算法和距离徙动算法也都分别存在紧密联系。

尽管如此,雷达成像与光学成像也存在多个方面的不同:

第一个主要不同是两者利用的电磁波的波长。光学成像里的光波波长在几百纳米量级,而雷达所采用的电磁波波长则在毫米到米量级。波长的巨大差异导致两者在成像性能上的明显不同。对于电磁成像系统,其角分辨率的大小与电磁波波长和传感器孔径大小的比值成正比,即波长越短,角分辨能力越好,因此在同样传感器孔径大小的前提下,光学成像系统天然地具有更高的角分辨率。而雷达为了弥补波长大小在角分辨能力上的不足,只有依靠增加传感器观察孔径的大小来解决,这也是雷达成像要用合成孔径的原因。同时,波长不同的电磁波具有不同的穿透能力。一般的规律是,电磁波波长越长,其穿透能力也越强;光波波长很短,因此穿透能力很有限,甚至连气象微粒都无法穿透。而雷达波长较长,具有较强的穿透能力,一般的气象微粒对其几乎没有影响,因此合成孔径雷达能实现全天候成像。

第二个主要不同是主动探测与被动探测的区别。传统光学成像传感器只是被动地接收目标反射的光波实现成像,需要有额外的光源提供对目标的照射。因此当外部光源不存在时,光学传感器无法提供有效成像。而雷达传感器则主动提供电磁波照射,并接收目标反射的回波信号实现对目标的成像,因此其成像不依赖于外部照射源,可以实现全天时工作。

第三个主要区别是成像维度的不同。传统光学成像系统没有距离分辨能力,它利用二维实孔径提供的二维角分辨实现对目标的二维成像,因此对于光学成像而言,最优的观察方式是目标成像面与观察视线垂直,如图 A-1(a)所示,通过 φ 角的不同来区分 x 轴方向上位置不同的目标,而通过 θ 角的不同来区分 y 轴方向上位置不同的目标。合成孔径雷达则是利用天线一维孔径(通过雷达平台运动合成)提供角分辨,而利用发射信号的宽带特性提供距离向高分辨,从而获得目标的距离-角度(方位)两维高分辨图像,因此,雷达对目标的最优观察方式(仅考虑分辨率)是从侧面来观察,如图 A-1(b)所示,通过距离高分辨来区分图中 y 轴方向上位置不同的目标,而通过合成孔径提供的方位角分辨来区分 x 轴方向上位置不同的目标。

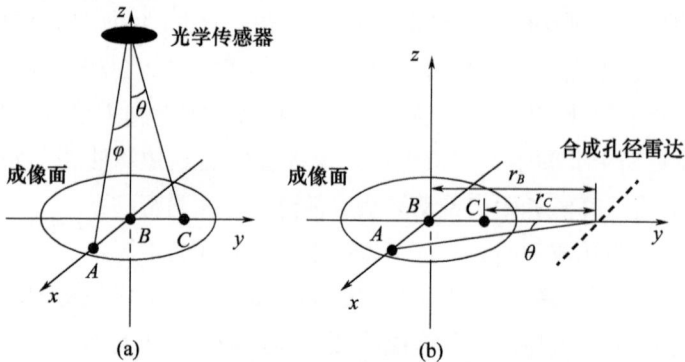

图 A-1　光学传感器和雷达传感器最优观察几何

(a)光学传感器观察几何;(b)雷达传感器观察几何。

2. SAR 系统 PRF 的设置是要大于方位信号总带宽还是大于瞬时带宽

SAR 系统方位总带宽是瞬时多普勒带宽和多普勒中心频率变化范围之和。其中,瞬时多普勒带宽由发射信号载频、雷达平台速度、波束宽度和斜视角等共同决定,在合成孔径时间内一般可以近似为常数;多普勒中心频率的变化则是由合成孔径时间内波束指向的变化引起的。不同的成像模式,在斜视角不大时,瞬时多普勒带宽近似相同(严格来说随斜视角的余弦线性变化),多普勒中心频率变化则相对较大(随斜视角的正弦线性变化)。对于条带模式 SAR,由于波束指向固定不变(斜视角固定),多普勒中心频率不变化,因此总带宽也等于瞬时带宽,如图 A-2(a)所示。而对于聚束模式 SAR,由于波束指向连续变化,导致多普勒中心也连续变化,因此总带宽要大于瞬时带宽,如图 A-2(b)所示。

从信息保留的角度看,只要多普勒中心频率的变化是已知的(实际上不管什么模式下多普勒中心频率的变化都是已知的),系统 PRF 只需要大于瞬时带宽就能完整保留方位信号信息。因此不管什么成像模式下,系统 PRF 的设置都只需要满足大于瞬时多普勒带宽即可。

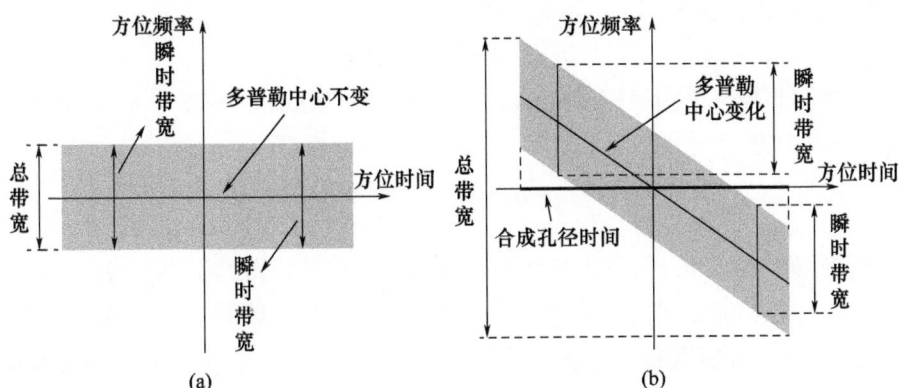

图 A-2　不同成像模式回波信号时频关系图
(a)条带模式；(b)聚束模式。

　　成像处理时,不同算法可能对 PRF 有不同的要求。例如对于频域处理算法,由于一开始就要对方位信号做傅里叶变换转换到方位频率域,因此 PRF 要大于整个带宽,才能保证信号方位频谱是不混叠的。这对于条带模式固然没问题,因为总带宽就等于瞬时带宽,但对于聚束模式等其他波束扫描模式,如果系统 PRF 设置仅略大于瞬时带宽,那么 PRF 就很可能要小于方位信号总的带宽,不满足奈奎斯特采样要求,因此如果直接进行方位傅里叶变换,则频谱就是混叠的。为了避免混叠,需要对回波信号进行升采样处理。例如,对于如图 A-2(b)所示聚束模式,可以通过在方位时域进行相位校正,去除多普勒中心频率的变化,使得系统总带宽等于瞬时带宽,这时信号变得满足奈奎斯特采样要求,因此可以对数据进行升采样提高 PRF,提高 PRF 后再恢复相位调制,就等效得到了满足奈奎斯特采样要求的原始回波数据。而对于聚束模式极坐标格式算法,因为其方位操作(方位插值和方位傅里叶变换)都是在去除多普勒中心后的数据域进行,因此无须升采样提高 PRF 就可以直接进行成像处理。

　　3. 从重构分辨率角度考虑,匹配滤波是最优重构方法吗

　　现有主流 SAR 成像算法的距离和方位向压缩处理都可以理解为匹配滤波处理。以距离处理为例来说明。从第 3 章已经知道,雷达回波信号是目标函数和发射信号的卷积结果,即

$$d(\tau) = g(\tau) \otimes s(\tau) \qquad (A-1)$$

式中:符号 $\otimes$ 表示卷积;$d(\tau)$ 为接收回波信号;$g(\tau)$ 为目标函数;$s(\tau)$ 为发射信号。

　　因此,目标重构过程就是已知 $d(\tau)$ 和 $s(\tau)$ 来重构 $g(\tau)$ 的过程。利用傅里

叶变换的性质,式(A−1)在频域可表示为

$$D(\omega) = G(\omega) \cdot S(\omega) \tag{A−2}$$

因此,要精确重构目标函数 $g(\tau)$(等效重构目标函数频谱 $G(\omega)$),最优滤波器可表示为

$$H(\omega) = \frac{1}{S(\omega)} \tag{A−3}$$

该滤波器称为逆滤波器,其系统传输函数为发射信号频谱的倒数。将回波信号通过逆滤波器,能够在信号带宽范围内精确重构目标函数频谱。如果将发射信号频谱表示为幅度谱和相位谱的形式,即 $S(\omega) = A(\omega)\exp\{j\Phi(\omega)\}$,则逆滤波器也可以表示为

$$H(\omega) = \frac{1}{A(\omega)}\exp\{-j\Phi(\omega)\} \tag{A−4}$$

从滤波器幅度谱来看,滤波器对回波信号频谱进行了均衡处理,发射信号谱强的地方逆滤波增益小,而发射信号谱弱的地方逆滤波增益大,恰好抵消了回波信号中发射信号频谱对目标函数频谱的加权处理效应。

上述逆滤波处理,在不考虑噪声的情况下,可以提供对目标的最优分辨性能。但实际雷达回波信号不可避免地存在噪声,而发射信号频谱也不可能是理想的带通信号,在发射信号幅度谱很小的区域,根据式(A−4),滤波器增益很大,因此在这些谱域的噪声将得到极大的放大,从而降低了滤波后信号的信噪比。对于雷达而言,信噪比往往是一个比分辨率更重要的性能指标。因为只有在信噪比足够强,并且能够有效检测到目标信号的前提下,对目标的分辨才有意义。

从输出信噪比最优化的角度,可以推导得到最优滤波器应该是匹配滤波器,其系统传输函数为

$$H(\omega) = A(\omega) \cdot \exp\{-j\Phi(\omega)\} \tag{A−5}$$

与逆滤波相反,匹配滤波器增强发射信号谱强的信号分量,而减弱发射信号谱弱的信号分量。

综上,逆滤波和匹配滤波是从两种完全不同的最优化准则得到的最优滤波器。其中,逆滤波处理的目的是要尽量精确重构目标函数,而匹配滤波处理的目的则是要使输出信噪比最大化。尽管如此,两者的系统传输函数也存在相似之处。对比式(A−4)和式(A−5)可以看到,两者具有完全相同的相位谱和互为倒数的幅度谱。当发射信号幅度谱在带宽内为常数时,匹配滤波和逆滤波则完全等效(只相差一个常数因子)。而对于实际的非理想常数频谱,匹配滤波器

在牺牲少量空间分辨率的条件下实现对噪声更鲁棒的性能,因此工程上得到了更为广泛的应用。

4. 匹配滤波和 Dechirp 处理的联系和区别是什么

匹配滤波和 Dechirp 处理在雷达里都能用来对信号进行压缩。匹配滤波是一种通用的脉冲压缩处理方法,可以针对任意信号波形,而 Dechirp 处理则是只针对线性调频信号这一特殊波形的压缩方法。下面将说明在发射信号为线性调频信号的前提下,匹配滤波和 Dechirp 实际上是同一滤波处理的两种不同实现方式。

假设雷达发射线性调频信号为

$$s(\tau) = \exp\{j\pi k\tau^2\} \qquad (A-6)$$

为了简化符号表示,式中忽略了幅度因子。假设该发射信号对应的频谱表示为 $S(\omega) = A(\omega) \cdot \exp\{j\Phi(\omega)\}$。

距离向压缩处理实际上就是将雷达接收信号与发射信号做相关处理,即

$$y(\tau) = r(\tau) \oplus s(\tau) \qquad (A-7)$$

式中:符号 $\oplus$ 代表信号相关操作;$r(\tau)$ 为雷达接收数据;$y(\tau)$ 为距离压缩处理结果。

利用相关与卷积的关系,式(A-7)也可以写为

$$y(\tau) = r(\tau) \otimes s^*(-\tau) \qquad (A-8)$$

式中:符号 $\otimes$ 表示卷积,即匹配滤波处理的时域表示。滤波器冲激响应为 $h(\tau) = s^*(-\tau)$,对应的频域系统传输函数为 $H(\omega) = S^*(\omega) = A(\omega) \cdot \exp\{-j\Phi(\omega)\}$。

现代雷达一般都在 AD 采样后进行脉冲压缩处理,为了提高滤波运算效率,通常会选择在频域实现匹配滤波处理,其处理流程如图 A-3 所示,处理过程包括一次 FFT、参考函数乘和一次 IFFT。

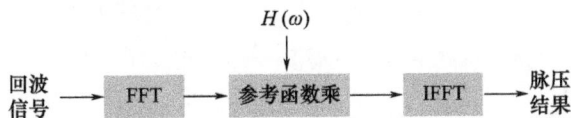

图 A-3　匹配滤波频域实现处理流程

当发射信号为线性调频信号时,式(A-7)所示相关处理也可以重新表示为

$$y(\tau) = r(\tau) \oplus s(\tau) = \int r(u) \cdot \exp\{-j\pi k(u-\tau)^2\}\, du \qquad (A-9)$$

将线性调频信号项展开,可得

$$y(\tau) = \left\{ \int r(u) \cdot \exp\{-\mathrm{j}\pi ku^2\} \cdot \exp\{\mathrm{j}2\pi k\tau u\}\,\mathrm{d}u \right\} \cdot \exp\{-\mathrm{j}\pi k\tau^2\}$$

$$(\mathrm{A}-10)$$

式$(\mathrm{A}-10)$中,如果令$f = -k\tau$,则有

$$y(f) = \left\{ \int r(u) \cdot \exp\{-\mathrm{j}\pi ku^2\} \cdot \exp\{-\mathrm{j}2\pi fu\}\,\mathrm{d}u \right\} \cdot \exp\left\{-\mathrm{j}\pi \frac{f^2}{k}\right\}$$

$$(\mathrm{A}-11)$$

式$(\mathrm{A}-11)$对应了 Dechirp 处理流程,即先将回波信号与发射信号的共轭相乘,可得

$$\bar{r}(u) = r(u) \cdot \exp\{-\mathrm{j}\pi ku^2\} \qquad (\mathrm{A}-12)$$

然后对其做傅里叶变换,可得

$$\bar{r}(f) = \int r(u) \cdot \exp\{-\mathrm{j}\pi ku^2\} \cdot \exp\{-\mathrm{j}2\pi fu\}\,\mathrm{d}u \qquad (\mathrm{A}-13)$$

最后对结果补偿二次相位函数 $\exp\{-\mathrm{j}\pi f^2/k\}$,可得

$$y(f) = \left\{ \int r(u) \cdot \exp\{-\mathrm{j}\pi ku^2\} \cdot \exp\{-\mathrm{j}2\pi fu\}\,\mathrm{d}u \right\} \cdot \exp\left\{-\mathrm{j}\pi \frac{f^2}{k}\right\}$$

$$(\mathrm{A}-14)$$

上述三个步骤中,前面两个步骤就是标准的 Dechirp 处理操作。最后一个步骤对应了针对 Dechirp 处理的残留视频相位(RVP)去除操作。整个处理流程如图 A-4所示。

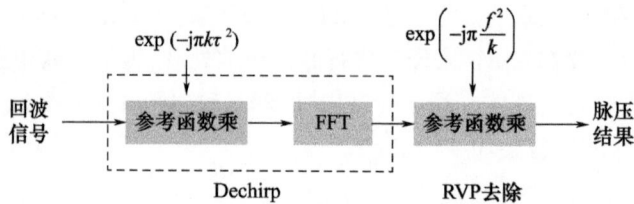

图 A-4 完整 Dechirp 处理流程

因此,可以看到,在发射信号为线性调频信号的前提下,匹配滤波处理和 Dechirp + RVP 去除实际上是同一处理(式(A-7)所示相关处理)的两种不同具体实现方式。因此,在理论上,两者应该具有完全相同的处理结果。然而,当实际信号为离散采样信号时,两者还是存在一些细微的差别,其中:一是在时域对采样率的要求不同,这一差别将在下一个问题再详细解释;二是最终输出结果的采样间隔会不同。在匹配滤波处理中,如果傅里叶变换时没有补零,由于最终结果还是在原来的时域,因此输出结果的采样间隔与原始信号的采样间隔相

同。而对于 Dechirp 实现方式,压缩结果是在频域,假设原始时域信号采样率是 f_s,采样点数是 N,在不补零情况下变换到频域的采样间隔是 f_s/N,将该频域压缩结果坐标轴映射到时域,则最终压缩结果在时域的采样间隔是 $f_s/(kN)$。

5. Dechirp 压缩相比匹配滤波压缩对采样率要求一定小吗

匹配滤波处理第一步就需要对信号进行傅里叶变换,因此要求采样率必须大于原始信号带宽。而原始回波信号是发射信号的不同延迟的加权组合,由于时间延迟和加权都不影响信号频谱范围,因此回波信号带宽就等于发射信号带宽。因此匹配滤波处理要求采样率大于发射信号带宽。对于线性调频信号,假设其调频斜率为 k,脉冲宽度为 T_p,则发射信号带宽为 $B=kT_p$。因此匹配滤波处理要求信号采样率必须大于 kT_p。

Dechirp 压缩处理的第一步是与参考函数相乘,相乘操作是对信号的每一个采样值独立地乘以一个复常数,不需要对不同采样值进行联合处理,因此这时对采样率没有要求,而第二步处理是傅里叶变换,此时需要信号满足奈奎斯特采样定理,即采样率需要大于此时的信号带宽。经过参考函数相乘后,每一个点目标的回波信号都变为单频信号,频率取决于目标信号相对于参考信号的时间延迟,满足 $f=k\tau$(其中 τ 为目标信号相对延迟)。那么此时信号的带宽,即频点的范围,就取决于时间延迟的范围。假设目标回波信号时间延迟的范围为 T_u,则此时信号带宽为 $B=kT_u$。因此 Dechirp 处理要求采样率必须大于此带宽。

综上,Dechirp 处理能否降低对采样率的要求,取决于目标场景宽度确定的时间延迟宽度 T_u 与发射脉冲信号宽度 T_p 的比值。如图 A-5 所示,当时间延迟宽度小于发射信号宽度时,Dechirp 后信号带宽变小,因此采样率要求比匹配滤波处理更低,但当时间延迟宽度大于发射信号宽度时,Dechirp 处理后带宽范围增加,因此采样率要求比匹配滤波处理更高。例如,对于车载调频连续波雷达,脉冲宽度要远大于成像场景决定的时间延迟宽度,通过 Dechirp 处理可以极大地降低对 AD 采样的要求;而对于常规机载和星载脉冲体制雷达,往往场景比较大,脉冲宽度相对比较小,因此采用匹配滤波处理对采样率要求更低。

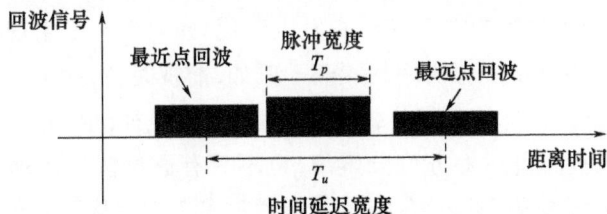

图 A-5 脉冲宽度和场景时间延迟宽度示意图

6. SAR 点目标响应函数一定是两维 sinc 函数吗

对于一个理想的点目标,即目标函数 $g(x,y) = \delta(x - x_p, y - y_p)$,其精确的频谱表达式为 $G(k_x, k_y) = \exp\{j(k_x x_p + k_y y_p)\}$,但实际 SAR 系统经过成像处理后获得的频谱只是理想精确频谱的一个加窗版本,即

$$\tilde{G}(k_x, k_y) = \Pi(k_x, k_y) \cdot \exp\{j(k_x x_p + k_y y_p)\} \qquad (A - 15)$$

式中:$\Pi(k_x, k_y)$ 为两维频域的幅度窗函数,在不做加权处理时在频谱支撑区范围内通常可以近似为常数,该函数具体形式由雷达发射信号参数和成像几何关系共同确定。

实际 SAR 成像结果是式(A − 15)的逆傅里叶变换结果,即

$$\hat{g}(x,y) = \mathrm{psf}(x - x_p, y - y_p) \qquad (A - 16)$$

式中:$\mathrm{psf}(x,y) = F^{-1}\{\Pi(k_x, k_y)\}$ 为系统的点目标响应函数。

在第 4 章已经知道,在直线雷达航迹条件下,数据频谱支撑区是三维空间平面内的一个扇环。只有在正侧视模式下,且分辨率不是很高时,两维频域支撑区窗函数可以近似为矩形窗函数,此时点目标响应函数为两维 sinc 函数。当分辨率较高时,两维频域支撑区有时还可以近似为梯形。在斜视模式下,两维频谱支撑区有时可以近似为平行四边形。在其他更一般情况下,频谱支撑区形状将更加复杂,此时 SAR 点目标响应很难给出解析形式解。

7. 雷达平台运动是合成孔径雷达提高方位分辨率的本质原因吗

Carrara 在文献[1]中提到"In SAR, motion is the solution and the problem",也就是说,运动是 SAR 提高分辨率的一种有效途径,SAR 雷达通过运动等效合成大的天线孔径,从而获得高的方位分辨率。那么平台运动是雷达获得高方位分辨率的本质原因吗? 雷达运动了,就一定能获得高的方位分辨率吗? 雷达不运动,方位分辨率就一定差吗?

实际上,从第 1 章和第 4 章已经知道,雷达获得高方位分辨率的本质原因,是雷达要从不同的空间角度去观察目标,雷达在运动过程中去观察目标只是多角度观察目标的一种实现方式。雷达运动不必然产生高分辨率,还要看雷达运动过程中雷达观察目标的视角有没有发生变化,如果没有发生观察视角变化,即使运动了,也不能带来分辨率的提高。例如,前视时,雷达虽然运动了,但雷达观察目标的视角没有发生变化,因此即使合成了孔径,也仍然无法获得高的分辨率。另外,提高雷达的方位分辨率,也不只有通过雷达运动这一种方式。实际上,通过增大天线实际孔径大小,或者通过多个雷达从不同角度观察目标,都可以改善雷达的方位分辨率。

8. 为什么 SAR 不能前视/后视工作

合成孔径雷达方位分辨率改善的本质原因在于利用雷达运动实现从不同空间角度来观察目标。在正侧视和斜视模式下,雷达运动改变位置后,雷达观察目标的视角也会发生变化,因此合成孔径雷达能够改善雷达的方位分辨率。但当雷达观察的目标恰好位于雷达运动的方向(正前方或者正后方)时,虽然雷达运动了,但雷达观察目标的视角始终没有变化,如图 A - 6(c)所示,因此仍然不能提供方位分辨率的改善。

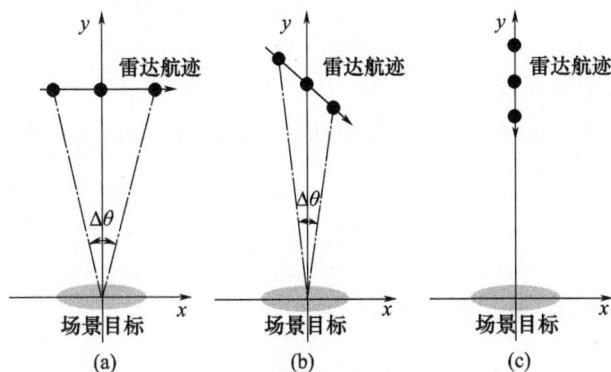

图 A - 6　不同模式雷达观察目标的几何关系
(a)正侧视;(b)斜视;(c)前视。

9. 合成孔径雷达方位分辨率的普适公式是什么

对于合成孔径雷达的方位分辨率,通常会用到多个公式。例如对于条带式合成孔径雷达,方位分辨率公式为

$$\rho_a = \frac{D}{2} \qquad (A-17)$$

式中:D 为实际天线孔径大小。

如果合成孔径长度为 L,则还会用到方位分辨率公式,即

$$\rho_a = R\frac{\lambda}{2L} \qquad (A-18)$$

式中:R 为目标到雷达的距离;λ 为发射信号波长。

对于聚束式合成孔径雷达,经常用到分辨率公式,即

$$\rho_a = \frac{\lambda}{2\Delta\theta} \qquad (A-19)$$

式中:$\Delta\theta$ 为雷达观察目标的转角。

这些公式要么存在近似,要么是针对特定的成像模式,如果不理解其背后

的近似原理,容易得出一些错误的结论。例如,针对式(A-17),容易得到结论:实际天线孔径 D 越小,分辨率越高;天线孔径无限小时,分辨率能无限提高。这一结论的前半部分是对的,但后半部分却是错误的。再如,如果 360°全方位观察目标,那么根据式(A-19),就会得到聚束 SAR 的极限分辨率是 $\rho_a = \lambda/4\pi$ 的错误结果。

对基于傅里叶重构理论的 SAR 成像处理而言,其方位分辨率的普适公式是根据方位频谱宽度得到的瑞利分辨率公式,即

$$\rho_a = \frac{2\pi}{\Delta k_x} \qquad (A-20)$$

式中:Δk_x 为方位谱宽度。

合成孔径雷达的频谱支撑区位置和形状如图 A-7 所示。容易得到频谱支撑区中心方位谱宽度为

$$\Delta k_x = \frac{4\pi}{\lambda} \cdot 2\sin\left(\frac{\Delta\theta}{2}\right) \qquad (A-21)$$

将其代入式(A-20)得到普适的方位分辨率公式,即

$$\rho_a = \frac{\lambda}{4\sin\left(\dfrac{\Delta\theta}{2}\right)} \qquad (A-22)$$

式(A-17)~式(A-19)等方位分辨率公式都可以通过式(A-22)得到。例如,当观察转角比较小时,$\sin(\Delta\theta/2) \approx \Delta\theta/2$,因此式(A-22)可以近似为式(A-19)。

假设合成孔径长度为 L,目标到雷达航线的距离为 R,转角 $\Delta\theta$ 可以表示为 $\Delta\theta = 2 \cdot \arctan\left(\dfrac{L}{2R}\right)$,因此式(A-22)也可以表示为

$$\rho_a = \frac{\lambda}{4\sin\left(\arctan\left(\dfrac{L}{2R}\right)\right)} \qquad (A-23)$$

在小转角条件下($L/(2R)$ 很小),式(A-22)可以近似为式(A-18)。

对于条带模式 SAR,即使雷达运动了很长的距离,但每一个点目标的有效合成孔径长度受到限制,其长度取决于目标距离和波束宽度的乘积,近似为 $L = \lambda R/D$,将其代入式(A-18),即可得到式(A-17)。

10. 合成孔径长度无限增长,方位分辨率也可以无限提高吗

根据式(A-18),容易得到结论:随着合成孔径长度的增长,方位分辨率可以无限改善。事实果真如此吗?实际上,得到上述错误的结论在于忽略了式(A-18)的近似条件。式(A-18)是式(A-23)在小转角条件下的一个近似,当

合成孔径长度变得很长时，小转角近似不再成立，因此式(A-18)也就不再适用。此时必须利用精确式(A-23)来计算分辨率。根据式(A-23)，方位分辨率存在一个极限，即当合成孔径雷达长度为无限长时，方位分辨率极限为$\lambda/4$。

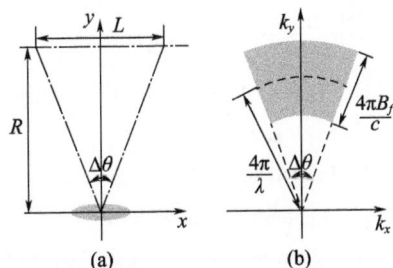

图 A-7　数据空间采集几何和频谱支撑区

(a)空间采集几何关系；(b)频域采样支撑区。

11. 斜视时为什么更难获得高的方位分辨率

根据式(A-19)所示分辨率公式，在信号波长一定的前提下，方位分辨率就完全取决于雷达观察目标的转角大小，观察转角越大，方位分辨率越高。在正侧视和斜视条件下，如图 A-8 所示，当合成孔径长度相同时，斜视时雷达相对目标的视角变化要比正侧视时更小，因此在同样的合成孔径长度下，斜视时分辨率要更差，或者说要达到相同的分辨率(对应需要相同的观察转角大小 $\Delta\theta$)，斜视时需要的合成孔径长度更长。因此相对来说，斜视时获得高的分辨率要更难。

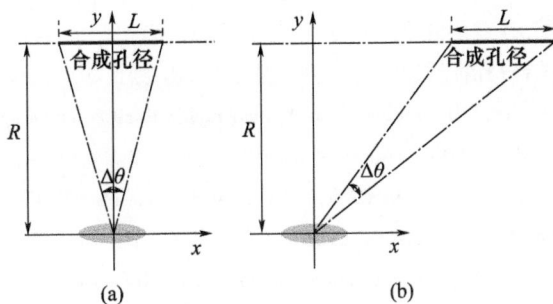

图 A-8　正侧视和斜视时雷达观察目标的转角

(a)正侧视观察；(b)斜视观察。

参考文献

［1］Carrara W G,Goodman R S,Majewski R M. Spotlight Synthetic Aperture Radar：Signal Pro-cessing Algorithms［M］. Boston：Artech house,1995.

［2］Jakowatz C V J,Wahl D E,Eichel P H,et al. Spotlight – mode Synthetic Aperture Radar：A Signal Processing Approach［M］. Boston：Kluwer,1996.

［3］Cumming I G,Wong F H. Digital Processing of Synthetic Aperture Radar Data：Algorithm and Implementation［M］. Boston：Artech House,2005.

［4］Curlander J C,Mcdonough R N. Synthetic Aperture Radar：Systems and Signal Processing ［M］. New York：John Wiley & Sons,1991.

［5］Soumekh M. Synthetic Aperture Radar Signal Processing with Matlab Algorithms ［M］. New York：John Wiley & Sons,1999.

［6］Soumekh M. Fourier Array Imaging［M］. New Jersey：Prentice – Hall,1994.

［7］Franceschetti G,Lanari R. Synthetic Aperture Radar Processing［M］. New York：CRC Press, 1999.

［8］保铮,邢孟道,王彤. 雷达成像技术[M]. 北京:电子工业出版社,2005.

［9］邢孟道,保铮,李真芳,等. 雷达成像算法进展[M]. 北京:电子工业出版社,2014.

［10］刘永坦. 雷达成像技术[M]. 哈尔滨:哈尔滨工业大学出版社,2014.

［11］邓云凯. 星载高分辨率宽幅 SAR 成像技术[M]. 北京:科学出版社,2020.

［12］鲁加国. 合成孔径雷达设计技术[M]. 北京:国防工业出版社,2017.

［13］杨建宇. 双基合成孔径雷达[M]. 北京:国防工业出版社,2017.

［14］Munson D C,O'brien J D,Jenkins W K. A tomographic formulation of spotlight – mode syn-thetic aperture radar［J］. Proceedings of the IEEE,1983,17(8):917 – 925.

［15］Arikan O,Munson D C. A tomographic formulation of bistatic synthetic aperture radar［C］. ComCon88,Baton Rouge,Louisiana,1988.

［16］Munson D C,Jenkins W K. A common framework for spotlight mode synthetic aperture radar and computer – aided tomography［C］. The 15th Asilomar Conference on Circuits,Systems and Computing,California,1981.

［17］Rocca F,Cafforio C,Prati C. Synthetic aperture radar：a new application for wave equation techniques［J］. Geophysical Prospecting,1989,7:809 – 830.

［18］Devaney A J. Mathematical foundations of imaging,tomography and wavefield inversion［M］. Cambridge：Cambridge University Press,2012.

[19] Tricoles G,Farhat N H. Mocrowave holography: applications and techniques[J]. Proceedings of the IEEE ,1997,65:108 – 121.

[20] Ausherman D A,Kozma A,Walker J L,et al. Developments in radar imaging[J]. IEEE Transaction on Aerospace and Electronic Systems,1984,20(4):363 – 400.

[21] Sherwin C W,Ruina J P,Rawcliffe R D. Some early developments in synthetic aperture radar systems[J]. IRE Transactions on Military Electronics,1962,6(2):111 – 115.

[22] Wiley C A. Synthetic aperture radars: a paradigm for technology evolution[J]. IEEE Transactions on Aerospace and Electronic Systems,1985,21(3):440 – 443.

[23] Brown W M,Porcello L J. An introduction to synthetic – aperture radar[J]. IEEE Spectrum, 1969,6(9):52 – 62.

[24] Cheney M. A mathematical tutorial on synthetic aperture radar[J]. SIAM Review,2001,43 (2): 301 – 312.

[25] Brown W M,Fredericks R J. Range – doppler imaging with motion through resolution cells [J]. IEEE Transactions on Aerospace and Electronic Systems,1969,5(1):98 – 102.

[26] Cafforio C,Prati C,Rocca E. SAR data focusing using seismic migration techniques[J]. IEEE Transactions on Aerospace and Electronic Systems,1991,27(2):194 – 207.

[27] Berens P. Extended range migration algorithm for squinted spotlight SAR[C]. The IEEE International Geoscience and Remote Sensing Symposium,Toulouse,France,2003.

[28] Reigber A,Moreira A. Wavenumber domain SAR focusing with integrated motion compensation[C]. The 2003 IEEE International Geoscience and Remote Sensing Symposium,2003.

[29] Desai M D,Jenkins W K. Convolution backprojection image reconstruction for spotlight mode synthetic aperture radar[J]. IEEE Transactions on Image Processing,1992,1(4):505 – 517.

[30] Ulander L M H,Hellsten H,Stenstrom G. Synthetic aperture radar processing using fast factorized back – projection[J]. IEEE Transactions on Aerospace and Electronic Systems,2003, 39(3):760 – 766.

[31] Raney R K,Runge H,Bamler R,et al. Precision SAR processing using chirp scaling[J]. IEEE Transactions on Geoscience and Remote Sensing,1994,32(4):786 – 799.

[32] Moreira A,Huang Y. Airborne SAR processing of highly squinted data using a chirp scaling approach with integrated motion compensation[J]. IEEE Transactions on Geoscience and Remote Sensing,1994,32(5):1029 – 1040.

[33] Davidson G W,Cumming I G,Ito M R. A chirp scaling approach for processing squint mode SAR data [J]. IEEE Transaction on Aerospace and Electronic Systems, 1996, 32 (1):121 – 133.

[34] Wong F W,Yeo T S. New applications of nonlinear chirp scaling in SAR data processing[J]. IEEE Transactions on Geoscience and Remote Sensing,2001,39(5):946 – 953.

[35] Mittermayer J,Moreira A,Loffeld O. Spotlight SAR data processing using the frequency scal-

187

ing algorithm[J]. IEEE Transactions on Geoscience and Remote Sensing,1999,37(5):2198 – 2214.

[36] Walker J L. Range – Doppler imaging of rotating objects[J]. IEEE Transactions on Aerospace and Electronic systems,1980,16(1):23 – 52.

[37] Doren N E,Jakowatz C V,Wahl D E,et al. General formulation for wavefront curvature correction in polar – formatted spotlight – mode SAR images using space – variant post – filtering [C]. IEEE Conference on Image Processing,Santa Barbara,California,1997.

[38] Lanari R,Mesauro M,Sansosti E,et al. Spotlight SAR data focusing based on a two – step processing approach[J]. IEEE Transactions on Geoscience and Remote Sensing,2001,39 (9):1993 – 2004.

[39] Bamler R. A comparison of range – doppler and wavenumber domain SAR focusing algorithms [J]. IEEE Transactions on Geoscience and Remote Sensing,1992,30(4):706 – 713.

[40] Wahl D E,Eichel P H,Ghiglia D C,et al. Phase gradient autofocus – a robust tool for high resolution SAR phase correction[J]. IEEE Transactions on Aerospace and Electronic Systems,1994,30(3): 827 – 835.

[41] Eichel P H,Jakowatz C V. Phase gradient algorithm as an optimal estimator of the phase derivative[J]. Optics Letters,1989,14(20):1101 – 1103.

[42] Rossum W L V,Otten M P G,Bree R J P. Extended PGA for range migration algorithms[J]. IEEE Transactions on Aerospace and Electronic Systems,2006,42(2):478 – 488.

[43] Mao X H,Ding L,Zhang Y D,et al. Knowledge – aided 2 – D autofocus for spotlight SAR filtered backprojection imagery[J]. IEEE Transactions on Geoscience and Remote Sensing, 2019,57(11): 9041 – 9058.

[44] Mao X H,He X L,Li D Q. Knowledge – aided 2 – D autofocus for spotlight SAR range migration algorithm imagery[J]. IEEE Transactions on Geoscience and Remote Sensing,2018,56 (9): 5458 – 5470.

[45] Mao X H,Zhu D Y. Two – dimensional autofocus for spotlight SAR polar format imagery[J]. IEEE Transactions on Computational Imaging,2016,2(4):524 – 539.